Ernst von Bibra

Ueber
alte Eisen- und Silber-Funde

Archäologisch-chemische Skizze

Elibron Classics
www.elibron.com

Elibron Classics series.

ISBN 1-4212-3364-9 (paperback)
ISBN 1-4212-3363-0 (hardcover)

This Elibron Classics Replica Edition is an unabridged facsimile of the edition published in 1873 by Richter & Kappler, Nürnberg & Leipzig.

Ueber

alte Eisen- und Silber-Funde.

Archäologisch-chemische Skizze

von

Ernst Freiherrn von Bibra,
Dr. phil. et med.

Nürnberg & Leipzig.
Verlag von Richter & Kappler
1873.

Druck von Bieling (G. Dietz) in Nürnberg.

Vorwort.

Die speciellen Gründe, warum die beiden nachstehenden chemischen Untersuchungen über alte Eisen- und Silberfunde ausgeführt worden, sind bei den betreffenden Arbeiten selbst angegeben.

Ob man indessen ähnliche archäologisch-chemische Arbeiten überhaupt für nützlich hält, weiss ich nicht.

Vorzugsweise ist es freilich die Form, welche den Archäologen beschäftigt, ganz ohne Interesse wird aber kaum auch die Beschaffenheit des Materials sein. Sie kann in manchen Fällen Aufschluss geben über Alter der betreffenden Gegenstände, über ihre Abstammung, ja, unter Umständen, selbst über ihre Aechtheit, und in kulturhistorischer Beziehung werfen, wie ich denke, chemische Untersuchungen Licht auf die technischen Kenntnisse der Alten, was vielleicht Einem, oder dem Andern, nicht ganz unerwünscht.

Es mag sein, dass abermals Ein oder der Andere sich bei den historischen Skizzen über die betreffenden Metalle, welche ich vorausschickte, an Etwas wieder erinnert, was ihm entfallen ist, obgleich man (der Ausdruck reicht weitaus) denselben zu populär fand. Aber, lieber Gott, sollte ein armer, alter Chemiker nicht auch einmal populär sein dürfen, in einer Zeit, in welcher alle Welt nach Popularität strebt?

Dass die Archäologen, welche mein Schriftchen durchblättern, sich gründlich über die Angabe des chemischen Verfahrens langweilen werden, befürchte ich nicht im Mindesten, einfach aus dem Grunde, weil dieselben nicht lesen werden.

Dennoch aber wären diese Angaben unerlässlich nöthig, um die Art und Weise der chemischen Behandlung beurtheilen zu können.

Was das Material zu den Untersuchungen über das Eisen betrifft, so habe ich der freundlichen Geber bereits am Schlusse der Arbeit dankend erwähnt. Bezüglich der Arbeit über das Silber aber, verdanke ich Russland abermals die reichsten, und in wissenschaftlicher Beziehung, werthvollsten Gaben, wie das bereits zweimal, bei ähnlichen, von mir unternommenen Arbeiten, der Fall war.

Durch die Güte und die Bemühungen des Herrn Staatsrathes von Stephani, und seines Assistenten Herrn Dr. Döll, erhielt ich aus der kaiserlichen Ermitage zu St. Petersburg die unten angegebene Reihe von Silberfunden, bei welcher ich wiederholen muss, was ich bereits bei meiner Arbeit „über die Kupferlegirungen etc.“ erwähnte, dass nämlich die grossartigen, und in streng wissenschaftlicher Weise, von der kaiserlichen archäologischen Commission geleiteten Ausgrabungen, welche genaue Bestimmung und Bezeichnung aller Gegenstände möglich machte, auch kleine Fragmente werthvoll für die chemische Untersuchung werden liess.

Ich spreche den beiden gedachten Herren hiemit meinen verbindlichsten und herzlichsten Dank aus.

Schliesslich habe ich noch unter den Freunden, welche mich auf die zuvorkommenste Weise mit Material für meine Arbeit unterstützten, vorzugsweise dankend zu erwähnen des Herrn Oberst von Gemming und des Herrn Hofantiquars S. Pickert in Nürnberg.

Ueber das chemische Verhalten alter Eisenfunde.

Der Grund, welcher mich zu der nachstehenden Arbeit bewog, ist vorzugsweise die geringe Aufmerksamkeit, welche man bis jetzt den alten Eisenfunden geschenkt hat.

Nur wenige Körper erfreuen sich so zahlreicher Reihen vortrefflich durchgeführter Untersuchungen, als die verschiedenen Eisensorten der Gegenwart, wie solche durch die Erzeugung des Eisens nach und nach hervorgebracht worden, und die Zustände, welche dieser Körper zu durchlaufen hat, bis er den gewünschten Grad der Reinheit, oder die Eigenschaft, welche man ihm eben zu geben beabsichtigt, erlangt hat, sind auf das sorgfältigste studirt worden.

Während man aber, sowohl in technischer Hinsicht, als auch in streng-wissenschaftlichem Sinne sich mit dem aus unseren Werken hervorgegangenen Eisen in allen seinen Modificationen beschäftigte, haben kaum einige Chemiker ihre Aufmerksamkeit den Eisenfunden gewidmet, welche aus der Vorzeit auf uns gekommen sind.

In meiner vor etwa zwei Jahren beendeten Arbeit über „die Bronzen- und Kupferlegirungen der alten und ältesten Völker“ habe ich mehr als Eintausend chemische Untersuchungen über diesen Gegenstand zusammengestellt, über aus alter Zeit auf die Gegenwart gekommenes Eisen hingegen sind mir nur zwei Analysen bekannt, und ich glaube kaum, dass eine bemerkenswerthe Anzahl derselben mir entgangen sein wird.

Freilich mag die starke Oxydation vieler Eisenfunde, welche bisweilen selbst Zerstörung der Form bedingt, manche Chemiker abgehalten haben, sich mit der Untersuchung derselben zu beschäftigen, und auf der andern Seite ist die Anzahl der gefundenen Eisenreste überhaupt, gegen jene der Bronzen, und selbst der Silberfunde, eine verhältnissmässig nur fast geringe.

Aber sollte die Chemie, welche gegenwärtig das trefflichste Bier ohne Hopfen und Malz erzeugt, welche die wohlschmeckendsten Weine ohne Kelter und Traube hervorbringt, und die dem Färber und Maler Farben liefert, welche die prachtvollen Farben des Regenbogens übertreffen, und wenigstens eben so haltbar sind als diese, sollte die Chemie sich durch die oben berührten Umstände abhalten lassen der Archäologie ihre Dienste zu weihen?

Ich habe versucht, meine geringen Kräfte in diesem Sinne zu verwenden. —

Nicht vollkommen übereinstimmend erscheinen auf den ersten Blick die Nachrichten, welche bezüglich des Eisens und dessen Gebrauch, von alten Zeiten auf die unserigen überkommen sind.

Man spricht von einer Bronze-Zeit und von einer dieser folgenden Eisenperiode, und sind beide Perioden selbstverständlich auch nicht strenge geschieden, und greifen vielfältig in einander über, so liegen doch wieder Berichte vor, welche von Eisen sprechen in einer Zeit, welche der Eisenzeit unserer Archäologen weit vorausgeht.

Es ist bekannt, dass Moses schon von Eisen spricht, bereits vor der Sündfluth den Tubalkain dasselbe bearbeiten lässt, und der eisernen Aexte, Schwerter und Messer der Aegypter erwähnt.

Die Nachrichten, welche Homer gibt, deuten deutlich darauf hin, dass sein σιδηρος in der That Eisen war.

Er lässt Achilles von grauem Eisen sprechen, und den Adrastus von mühesam bearbeitetem Eisen.

Der Pelide bestimmt als Kampfpreis für die Bogenschützen veilchenblaues Eisen, und als einen andern Kampfpreis bestimmt er eine Eisenscheibe, welche reichlichen Vorrath des Metalls für Hirten und Pflüger bietet, besitzt der Gewinnende auch grosse Ländereien.

Ferner prallt die kupferne Waffe ab von Eisen und Stein, Rinder und Schafe werden mit dem Eisen geschlachtet, und der Schmied härtet die eiserne Axt in kaltem Wasser.

Homer aber spricht dabei auch von kupfernen Werkzeugen und Waffen, vom kupfernen Schwerte des Hector, von der kupfernen Lanzenspitze des Diomedes, und mehrfach von kupfernen Beilen, zuverlässig also von zwei verschiedenen Metallen, wenn gleich beide in gemischtem Gebrauche.

Nimmt man aber Moses und Homer als Mythen an, so lässt sich desshalb doch nicht läugnen, dass diese Mythen von hohem Alter sind, und von höherem als die Eisenperiode unserer Archäologen.

Auch Hesiodus, circa 900 oder 1000 Jahre vor Christus, spricht ebenfalls von Eisen, aber eben so wieder von Kupfer. Er erwähnt des eisernen Schwerts des Herkules und sagt, dass man die Baumstämme mit Eisen fälle, dann aber spricht er von kupfernen Lanzenspitzen und von einem kupfernen Ambose.

Die fünf Zeitalter bezeichnet er folgendermassen.

Das erste ist das goldene, das zweite das silberne, das dritte das kupferne. Man schmiedete das Kupfer, machte Waffen und selbst Häuser aus demselben, aber das schwarze Eisen kannte man noch nicht. Im vierten Zeitalter führte man grosse Kriege, im fünften aber, dem seiner Zeit, geht es jämmerlich zu, und er nennt es das eiserne.

Auch aus diesen Andeutungen scheint mit Sicherheit hervorzugehen, dass man zu Hesiodus Zeit das Eisen wohl kannte, und dass eine Verwechselung mit einem anderen Metalle nicht stattfand.

Nebenher erwähne ich noch, dass man in Ninive mehrfach Eisen gefunden hat, und dass ich selbst bei Funden aus sehr alten skythischen Gräbern, in einem Glöckchen von Bronze (Pferdeschmuck) einen Eisenklöppel fand, und Spuren eines Eisenringes.

Es scheint also aus dem Erwähnten hervor zu gehen, dass man schon sehr lange, und in den ältesten Zeiten schon, das Eisen kannte und zu bearbeiten verstand, wohl aber mag es vorzugsweise der Fall gewesen sein bei in der Kultur weiter fortgeschrittenen Völkern, und selbst bei diesen scheint ein ausgedehnter Gebrauch des Eisens nicht stattgefunden zu haben. Vielleicht wegen der, im Verhältniss zum Kupfer und der Bronze, bedeutend schwierigen Darstellung, dann aber wohl auch desshalb, weil Kupfer und Bronze für die damaligen Bedürfnisse ausreichte, und muthmasslich verwendete man in jenen ältesten Zeiten das Eisen vorzugsweise zu Werkzeug und Ackergeräthen, und seltener zur Waffe. Dem Rüstzeuge von Bronze gegenüber, genügte das Bronze-Schwert.

Was die Römer betrifft, so war bereits vor Christus der Gebrauch des Eisens bei ihnen eingebürgert.

Es finden sich eiserne Werkzeuge der Bergleute erwähnt, Cäsar spricht von den Eisenwerken Britanniens, und Diodorus sagt, dass die Celtiberer, ein spanischer Stamm, zweischneidige Schwerter und spannenlange Dolche führten, die Schilde und Helme durchbohrten.

Zu den Zeiten des Plinius hatte wohl das Eisen, als Waffe und Werkzeug, das Kupfer schon vollständig verdrängt.

Er sagt, lobend, dass man es als Pflugschaar benütze, den Weingarten und das Obstfeld mit demselben bearbeite, die Felsen mit demselben bezwinge, mit seiner Hülfe Häuser baue und es noch zu tausend andern nützlichen Dingen gebrauche. Dagegen aber diene es auch zu Mord nnd Todtschlag, und man fechte nicht blos mit demselben, sondern tödte auch durch den geflügelten Pfeil und mit dem schweren Wurfgeschütze. So sei es das beste und schlimmste Ding zu nennen.

Aber auch zu Kunstgegenständen manchfachster Art wurde das Eisen verwendet, und es erscheinen vollständig glaublich unter diesen, die häufig erwähnten eisernen Ringe, und die Becher von Eisen, welche zu Rom im Tempel des Mars stehen. Eine Statue des Herkules, gegossen von Alkon, und noch zu Plinius Zeiten in Theben stehend, mag in Gottes Namen auch noch passiren, aber die Bildsaulen des Künstlers Asristonidas, welche aus einer Legirung von Kupfer und Eisen gefertigt sein sollen, klingen ein wenig fabelhaft.

Dagegen hatte Plinius im Ganzen ziemlich genaue Kenntniss vom Magnete, und eben so erwähnt er des Gebrauches des Eisens in der Chirurgie und Medizin.

Man fertigt chirurgische Instrumente aus Eisen, gegen den Biss eines tollen Hundes leistet das Glüheisen vortreffliche Dienste, vielfache Anwendung findet das Eisenoxyd in Chirurgie und Medizin, und in mancherlei Fällen sind mehrere dieser Mittel noch heute in Gebrauch.

Nicht uninteressant ist, dass Plinius auch sympathetische Kuren mit Eisen angibt.

Gegen noxia medicamenta schützen Kreise, welche man dreifach mit einem Degen um den Patienten zieht, und vielleicht trugen in späteren Zeiten unsere Doktoren Degen, um den durch ein Rezept angestellten Schaden sofort wieder bessern zu können. Nägel aus einem Grabe in die Thürschwelle geschlagen, helfen gegen „nächtliches Erschrecken“, und endlich vertreibt das Prickeln mit einem Degen, mit welchem bereits Jemand getödtet wurde, rasch entstandene Seiten- und Brustschmerzen.

Aus Allem diesen aber geht hervor, dass zur Zeit des Plinius das Eisen den Römern wohl bekannt, und allgemein verwendet war, und das Kupfer so wie die Bronze insoferne verdrängt hatte, dass man beide nur noch zu Münzen und zu Kunst- und Luxus-Gegenständen anwendete. —

Schon oben habe ich erwähnt, dass eine bedeutende Anzahl von Untersuchungen angestellt wurde mit den verschiedenen Eisensorten, wie solche in den Eisenwerken aus den Erzen dargestellt, und nach und nach auf den gewünschten Grad der Reinheit gebracht werden.

Aber weder der gebotene Raum, noch der Zweck der vorliegenden Arbeit gestatten, die verschiedenen Abhandlungen anzuführen, welche ich benützte, und ich begnüge mich daher mit der Angabe der Körper, welche als Verunreinigung im Roheisen, Schmiedeeisen und Stahl gefunden, oder, in gewissen Fällen, demselben auch absichtlich zugesetzt, oder demselben belassen wurden.

In der mir zugänglichen Literatur der letzten drei Decennien habe ich etwa folgende Körper gefunden, welche als Beimengungen des Roheisens, des Schmiedeeisens und des Stahls angegeben werden:

Zinn, Blei, Silber, Arsen, Antimon, Titan, Kupfer, Mangan, Kobalt, Nickel, Wolfram, Wismuth*), Kohle, Kieselerde, Kalkerde, Talkerde, Thonerde, Phosphor, Schwefel, Stickstoff.

Bezüglich der Methoden, welche von verschiedenen Chemikern bei der Analyse der Eisensorten und des Stahls eingehalten wurden, so habe ich selbstverständlich dieselben benützt, so zum Beispiel die Arbeiten von Wöhler (Meteoreisen), von Buchner und ferner von Lippert (Roheisen) und Andern, vollständig aber einem oder dem anderen Gange zu folgen war nicht thunlich, indem ich einerseits andere Zwecke verfolgte, als jene Chemiker, auf der andern Seite aber mir häufig nur geringe Mengen des Materials zu Gebote standen, Mengen, bei denen es nutzlos gewesen wäre nach Stoffen zu suchen, welche in unendlich geringen Quantitäten dem Eisen beigemengt sind.

Auch die bei vielen Proben in hohem Grade stattgefundene Oxydation bedingte einen veränderten Gang der Untersuchung.

So ziemlich aus denselben Gründen war es nicht möglich, bei der weit überwiegenden Anzahl von Proben, auf die Erden, auf Kalkerde, Talkerde, Thonerde und Kieselerde zu suchen, von welchen die

---

*) Im Rohstahleisen von Biber. Bagh Will's Jahresbericht 1866. p. 836.

ersten drei im Roheisen, die Letzte, die Kieselerde aber, sowohl im Schmiedeeisen als wie im Stahl gefunden wird.

Viele der Eisen, welche bei der vorliegenden Arbeit in Untersuchung genommen wurden, waren so stark oxydirt, dass ein vollständig reiner Eisenkern nicht mehr zu erhalten war, denn untersucht man rein gefeilte Stücke mit einer scharfen Lupe, oder unter dem Mikroskope bei schwacher Vergrösserung, so findet man häufig feine Risse und Spalten, welche mit Oxyden des Eisens und mit Erden ausgefüllt sind, so habe ich zum Beispiel an dem Schwerte von Schwebheim (Tabelle I. Nr. 5) Spalten im regulinischen Eisen gefunden, welche vollständig mit einer Substanz ausgefüllt waren, die dem Hyalithe höchst ähnlich war.

Bei Stücken, welche unter dem Mikroskope eine reine Oberfläche zeigten, habe ich Kalkerde, Talkerde und Thonerde niemals gefunden, fast immer hingegen Kieselerde, die grösste Menge derselben betrug 0.51 (Tabelle I., Nr. 1, Römischer Gladius), die geringste Menge 0.02 Prozent. Aber ich habe diese Quantitäten der Kieselerde in den Tabellen nicht mit angeführt, um die Einheit in der Uebersicht nicht zu stören.

Schwefelsäure und Phosphorsäure habe ich in reinen und blanken Stücken ebenfalls nicht finden können, bei den stark oxydirten und mit Rissen durchzogenen war es indessen abermals nutzlos auf dieselben zu suchen, da die nicht vollständig zu entfernenden Oxyde des Eisens häufig die Salze beider Säuren enthielten.

So habe ich bei mehreren hier in Nürnberg in verschiedenen Tiefen ausgegrabenen Eisenresten, als Ueberzug erdiges Eisenblau gefunden, und das namentlich bei den Funden, welche beim Abbruche des alten Tuchhauses gemacht wurden.

Der Gang der Untersuchung, welchen ich eingeschlagen habe, war folgender:

Schwierig war vor Allem die Gewicht-Bestimmung des angewendeten Eisens.

Wie bereits erwähnt, waren die meisten Proben mehr oder weniger mit den Oxyden des Eisens, und nebenher noch mit mancherlei erdigen Bestandtheilen überzogen, und bei manchen Stücken war die Oxydation so weit fortgeschritten, dass gar kein metallischer Kern mehr vorhanden war.

Konnte nun durch Absprengen der Oxyd- und Erdenschicht, und durch die Feile, eine glänzende Metallfläche erhalten werden, so wurde, ohne auf feine mit andern Substanzen erfüllte Risse und Spalten Rücksicht zu nehmen, das zur Analyse bestimmte Stück als metallisches Eisen gewogen.

War das aber nicht der Fall und bestand der Kern der Probe fast einzig aus Eisenoxydoxydul, so wurden möglichst reine Stücke desselben ausgesucht, vorläufig gewogen und untersucht, das Gewicht des Eisens aber aus dem im Laufe der Analyse erhaltenen Eisenoxyde berechnet.

Aus diesem Grunde sind sämmtliche Analysen auf 100 gestellt, da aber der Hauptzweck der Arbeit der war, die Beimengungen des Eisens zu erfahren, so sind die dasselbe treffenden Verluste oder Ueberschüsse von wenig Belang.

Die, wie oben erwähnt, zu weiterer Behandlung bestimmten Proben wurden zuerst, um den Zustand der Activität oder Passivität zu erfahren, in reine Salpetersäure gebracht.

Es verhielt sich hiebei Stahl und sprödes Eisen meistens passiv, und häufig waren eben so die durch die ganze Masse oxydirten, und meist aus Oxydoxydul bestehenden Proben in Salpetersäure unlöslich, und konnte erst durch Erhitzen der Probe nach langer Zeit gelöst werden. Freilich kann dieser Zustand der Unlöslichkeit bei dieser letzten Reihe eigentlich nicht als „passiv" bezeichnet werden, ich habe aber in der Tabelle dennoch diesen Ausdruck gebraucht, um dadurch ihre Unlöslichkeit in kalter Salpetersäure zu bezeichnen.

Jeder der sich mit den Erscheinungen, welche man die Passivität des Eisens nennt, beschäftigt hat, wird sehr eigenthümliche, und bisweilen scheinbar sich widersprechende Erfahrungen gemacht haben.

Was mich betrifft, so habe ich ohne Ausnahme alle in neuerer Zeit dargestellten Stahlsorten passiv gefunden, und eben so fast jedes Gusseisen, und bezüglich des Stahles, so gründet sich hierauf die Methode der Unterscheidung von Schmiedeisen und Stahl, welche Saint-Edme angegeben hat*), und vermittelst welcher man das Probestück in Salpetersäure von 1.34 Spec. Gew. taucht. Eisen löst sich, Stahl nicht.

Es ist bekannt, dass ein Stück Eisendraht passiv wird, wenn man denselben wiederholt mit Salpetersäure behandelt und nach jedesmaliger Behandlung mit Wasser abwäscht.

Ich habe diese Erfahrung bei 7 MM. starken Stangen von Schmiedeisen nicht immer bestätigt gefunden. Abschnitte ein und desselben Eisenstückes, auf möglichst gleiche Weise also behandelt, wurden einmal passiv, das andere mal wieder nicht. Wurden aber die mit Salpetersäure behandelten und gewaschenen Stücke auf Gusseisen in die Säure gebracht, so wurden sie fast augenblicklich passiv, und widerstanden der Säure auch nach Entfernung des Gusseisens vollständig.

Mit der Feile vollständig gereinigte Stücke desselben Schmiedeeisens hingegen wurden durch die Berührung mit Gusseisen nicht passiv.

Es ist indessen hier der Ort nicht, weiter auf diese Eigenschaft des Eisens einzugehen, und ich will hier nur noch eines eigenthümlichen Falles erwähnen, welcher mir bei dem, Tabelle III. unter Nr. X. aufgeführten grossen Nagel begegnete.

Es wurde das vordere Theil desselben mit der Feile so gleichmässig wie möglich von anhängendem Oxyde gereinigt, und hierauf drei Stücke, jedes von circa 1 Gran Gewicht abgebrochen. Die Spitze des Nagels, und das dritte Stück, gegen den Kopf hin, verhielten sich

---

*) Fresenius Zeitschrift für analytische Chemie. Jahrgang II. 1863. p. 439.

stark activ, das mittlere zwischen beiden ausgebrochenen dagegen war passiv, und widerstand hartnäckig der Einwirkung der Salpetersäure.

Ein verhältnissmässig starker Gehalt an Kohle, wie vielleicht bei Stahl und Gusseisen, kann hier kaum die Ursache der Passivität des einen Fragmentes sein, wohl auch die dünne Oxydschicht nicht, welche einige Chemiker als bedingend angeben, und ich möchte mich eher der Ansicht Schönbeins anschliessen, welcher die betreffende Eigenschaft des Eisens für galvanischer Natur hält. —

Die mit Salpetersäure behandelten Eisenproben wurden, erwiesen sie sich als passiv, erwärmt, um die Auflösung einzuleiten und zu befördern, die Lösung hierauf mit Wasser verdünnt und im Wasserbade bis zur Syrupsconsistenz abgedampft, mit Wasser und etwas Salpetersäure behandelt und filtrirt.

Der gut gewaschene Rückstand konnte möglicherweise enthalten:

Arsen, Antimon, Titan, Zinn, Kieselerde, Kohle und Blei als schwefelsauer, vielleicht auch Spuren von Chlorsilber.

Blieben untersuchbare Mengen, so wurden dieselben entweder auf dem Filter, oder von demselben genommen, mit Ammoniak behandelt, und der Auszug mit verdünnter Salzsäure übersättigt.

Chlorsilber musste hiedurch angezeigt werden, und ein Zusatz von Schwefelwasserstoffwasser musste Arsen mit hellgelber Farbe fällen, ich habe aber bei keiner der untersuchten Proben eine Spur beider Metalle nachweisen können, und eben so wenig habe ich Antimon gefunden, nachdem ich den mit Ammoniak behandelten und gut gewaschenen Rückstand mit Kleesäure auszog, und abermals Schwefelwasserstoff zusetzte.

Der Rückstand konnte nur noch Zinnoxyd, Titansäure und Kieselerde enthalten.

War der Rückstand vom Filter zu nehmen, so wurde er mit einer Mengung von einem Theile Schwefelsäure und Wasser behandelt, welche beim Erwärmen ungeglühte Titansäure und eben so ungeglühtes Zinnoxyd auflöst. Aber auch diese beiden Körper habe ich nicht auffinden können.

Diese Rückstände bestanden also aus Kieselerde, welcher bei fast allen stark oxydirten Proben Sand beigemengt war, aus etwas Eisenoxyd, welches häufig der Einwirkung der Salpetersäure hartnäckig widersteht, und nur durch Salpetersalzsäure gelöst wurde, und endlich aus Kohle.

Nur in wenigen Fällen habe ich durch die Probe von Jeannel, vermittelst Jodkalium, Spuren von Blei auffinden können.

Neben den Erden, der Schwefelsäure und Phosphorsäure, welche häufig anwesend waren, auf welche aber, wie oben erwähnt wurde, keine weitere Rücksicht genommen wurde, befindet sich in der von dem Rückstande abfiltrirten Flüssigkeit jetzt das Eisen, welchem beigemengt sein können: Kupfer, weitere Mengen Blei, Mangan, Kobalt und Nickel.

Die sauere Lösung wurde mit Schwefelwasserstoff behandelt, und mit dem ausgeschiedenen Schwefel mussten zugleich etwa anwesendes Kupfer und Blei ausgefallt werden.

Der abfiltrirte Schwefel-Niederschlag wurde im Porcellan-Tiegel verbrannt, und der Rückstand mit Salzsäure aufgenommen. Auch bei sorgfältigem Waschen des Niederschlags zeigen sich in der erhaltenen Lösung fast immer noch Spuren von Eisen, dem Schwefel anhängend. Ist Blei vorhanden, so fällt dieses aus der salzsauren Lösung als Chlorblei und kann durch die Probe von Jeannel mit Leichtigkeit erkannt werden, und eben so geringe Spuren von Kupfer an der blauen Färbung der oberhalb des Eisenniederschlags stehenden Flüssigkeit, wenn die Lösung mit Ammoniak behandelt wird. Indessen kann man nicht vollständig sicher sein, Spuren von Kupfer, welche dem Eisen etwa beigemengt sind, auf diese Weise immer zu finden. Dieselben zeigen sich bisweilen erst später, wie ich weiter unten angeben werde, und entziehen sich muthmasslich der Fällung durch Schwefelwasserstoff, wenn die Flüssigkeit sehr stark sauer.

Da bei Behandlung einer sauern Lösung von Eisenoxyd mit Schwefelwasserstoff, das Oxyd in Oxydul, und in einer chlorwasserstoffsauren Lösung in Chlorür verwandelt wird, so wurde jetzt das Filtrat vom Schwefelniederschlage im Kolben längere Zeit erhitzt, wodurch wenn hinreichend Salpetersäure anwesend, wieder eine Ueberführung in Oxyd erfolgt. Hat sich hiebei eine geringe Menge Schwefel ausgeschieden, wurde filtrirt, hierauf durch überschüssiges Ammoniak das Eisenoxyd gefällt, der Niederschlag einige Zeit der Ruhe überlassen, dann das Eisenoxyd, welches Mangan enthalten kann, abfiltrirt, und vorläufig bei Seite gestellt.

Das ammoniakalische Filtrat kann Kobalt und Nickel enthalten, welche jetzt durch Schwefelwasserstoff ausgefällt werden.

Leitet man indessen längere Zeit einen langsamen Strom von Schwefelwasserstoff durch dieses ammoniakalische Filtrat, so scheidet sich nicht selten eine Spur eines schwarzen Niederschlags aus, auch wenn kein Kobalt in der Lösung. Es besteht derselbe aus höchst geringen Mengen von Eisen, welche, auch bei stark überschüssigem Ammoniakgehalt, der Fällung dennoch entgangen sind.

Auch Spuren von Kupfer finden sich bisweilen, wie ich oben angedeutet habe, in dieser ammoniakalischen Lösung, selten hingegen gegen die Eisenspuren.

Es genügt daher nicht, einen schwarzen, bei der Behandlung mit Schwefelwasserstoff erhaltenen Niederschlag sogleich für Kobalt zu nehmen.

Ich habe diese freilich meist sehr geringen Niederschläge abfiltrirt, sammt dem Filter verbrannt, gewogen, die Filterasche abgezogen, und hierauf an dem Löthrohre geprüft. Dass auf diese Weise, war Kobalt und zugleich auch Kupfer und Eisen anwesend, eine Gewichtsvermehrung zu Gunsten des ersteren sich ergeben musste, liegt freilich auf der Hand, aber abgesehen von der höchst geringen Menge des bisweilen auftretenden Kupfers und Eisens, war bei dem wenigen Materiale, mit welchem gearbeitet wurde, kaum ein anderer Weg einzuschlagen, und eben so eine Trennung von Kobalt und Nickel nur in wenigen Fällen thunlich. Ich habe, standen mir grössere

Mengen von Material zu Gebot, diese Trennung versucht, und dieses zwar mittelst dem Verfahren von Gauhe durch salpetersaures Kali, und die erhaltenen Resultate finden sich in den Tabellen.

Der oben mit Ammoniak erhaltene Niederschlag von Eisenoxyd wurde in Salzsäure gelöst, mit Ammoniak neutralisirt und hierauf, unter Einhaltung der bekannten Vorsichtsmassregeln, mit bernsteinsaurem Ammoniak gefällt. Durch längeres Kochen mit Kalilösung, oder durch Behandlung mit Schwefelwasserstoff-Ammonium, wurde das etwa vorhandene Mangan erhalten, zu dessen Erkennung die Probe von C. D. Braun *), mittelst pyrophosphorsauerem Natron und Bleisuperoxyd, treffliche Dienste leistet. Das erhaltene bernsteinsaure Eisenoxyd wurde geglüht und die Menge des Eisens aus dem erhaltenen Oxyde berechnet.

Sowohl bezüglich dieser Untersuchung auf Mangan, als durch die oben erwähnten auf Kobalt, habe ich, standen grössere Mengen von Material zu Gebot, die zuerst erhaltene Eisenlösung volumetrisch getheilt, und einen Theil auf Mangan, den andern, wie oben angegeben, auf Kobalt untersucht, um sowohl den Niederschlag mit Ammoniak, sowie den mit bernsteinsaurem Ammoniak wieder lösen, und nochmals derselben Untersuchung unterwerfen zu können.

Nicht selten fanden sich bei dieser zweiten Behandlung noch gewisse Antheile beider Metalle dem Eisenoxyde beigemengt. War aber überhaupt eines derselben anwesend, so wurde die bei weitem grössere Menge stets in den betreffenden ersten Lösungen gefunden.

Kaum wurde bei den verschiedenen Arbeiten über das Eisen einem Körper grössere Aufmerksamkeit geschenkt, als dem, in demselben befindlichen Kohlenstoffe, und eine grosse Anzahl der tüchtigsten Chemiker hat sich mit diesem Gegenstande beschäftigt.

Es ist aber nicht statthaft, hier die Ansichten wieder zu geben, welche man aufgestellt hat über den Verbindungszustand, in welchem sich der sogenannte gebundene Kohlenstoff im Eisen befindet, und eben so wenig können die verschiedenen Methoden der Gewinnung des Kohlenstoffes hier Platz finden.

Ich will in diesem Betreffe nur erwähnen, dass ich die Methode von Weyl, mittelst des galvanischen Stromes, ganz vortrefflich gefunden habe, wenn ganze Eisenstücke zu Gebot stehen, und dass man, werden einige unerlässliche Vorsichtsmassregeln beobachtet, genaue, und unter sich gut stimmende Resultate erhält.

Trotzdem aber konnte ich dieses Verfahren nicht einhalten, da ich es nicht selten mit kleinen, und überdiess theilweise stark oxydirten Fragmenten zu thun hatte.

Ich habe daher mich der älteren, bereits von Berzelius angegebenen Methode mittelst Kupferchlorid bedient: Behandlen der höchstens linsengrossen Eisenstücke mit möglichst neutralem Kupferchlorid, endlich, des ausgeschiedenen Kupfers wegen, mit concentrirter Chloridlösung und Zusatz von Salzsäure, und hierauf Filtriren durch

*) Will's Jahresbericht. 1867. p. 845.

ein tarirtes Asbestfilter. Trocknen bei + 130 und nachheriges Wägen ergab indessen ein etwas zu hohes Resultat, da der Kohle, wie specielle Untersuchungen zeigten, stets etwas Kieselerde, und, enthielt die Probe Eisenoxydoxydul, bisweilen auch Spuren von ungelösten Oxyden des Eisens beigemengt waren.

Ich habe daher den ganzen Inhalt des Asbestfilters im Platinschiffchen auf die Weise im Sauerstoffstrom verbrannt, wie es Lippert *) mit der Kohle that, welche er nach der Methode von Weyl erhielt.

Die erhaltenen Resultate waren übereinstimmend, aber freilich konnte auf diese Weise nur der Gesammt-Kohlenstoff bestimmt werden, was aber für den Zweck der gegenwärtigen Arbeit wohl vollkommen ausreichend ist.

Ich glaube übrigens gefunden zu haben, dass die nach dem Verfahren von Weyl erhaltene Kohle mehr Eisen enthält, als die durch Kupferchlorid gewonnene, während diese letzte wieder mehr Kieselerde enthält, denn verdampft man die im galvanischen Strome zur Lösung dienende Salzsäure, so kann aus dem Rückstande fast alle Kieselerde ausgeschieden werden.

Das ältere, ebenfalls von Berzelius angegebene Verfahren, die Kohle durch Chlorsilber auszuscheiden, ergibt ebenfalls eine noch stark eisenhaltige Kohle, und bestimmt man täglich die Gewichtsverluste des angewendeten Eisenstückes, so zeigt sich, dass gegen Ende der Operation Abnehmen des Eisens nur höchst langsam vor sich geht.

Auf die so eben angegebene Weise habe ich nun folgende Eisenfunde untersucht:

I.

Ausgrabungen in Deutschland.

(Tabelle I.)

1) Fränkischer Spatha von Herrn Professor Lindenschmit in Mainz. Fragment 4.5 CM. breit, 6.0 CM. lang. An der Oberfläche stark oxydirt. im Innern aber wohlerhaltenes Eisen. Ziemlich spröde. An der oxydirten Oberfläche deutliche Spuren einer Holzscheide.

2) Fränkische Hiebwaffe von Professor Lindenschmiet. Oberer, 15 CM. langer Theil der Klinge. Am abgebrochenen Theile 4.5 CM. breit. Die Klinge scheint nach Art einiger türkischer Waffen schwach sichelförmig gekrümmt gewesen, und aus vielen Lamellen zusammen geschmiedet worden zu sein. Das Eisen ist hart, spröde, stahlartig, und wird kaum von der Feile angegriffen.

3) Alemannische Schwertklinge von Adetsweil, Schweiz. Von Herrn Dr. Keller in Zürich, aus der Sammlung der dortigen antiquarischen Gesellschaft erhalten. Fragment 16 CM. lang, etwa 5 CM. breit, in der Mitte der Klinge vielleicht 5 bis 6 MM. stark. Weiches, wenigstens feilbares und biegsames Eisen. In den Mittheilungen der antiquarischen Gesellschaft heisst es B. III. p. 34:

---

*) Fresenius Zeitschrift für analyt. Chemie Jahrgang II. p. 47. 1863.

Gräber zu Adetsweil, Canton Zürich. „An der Stelle des gegenwärtigen Schulhauses wurden vor mehreren Jahren ein paar Fuss tief in freier Erde 10 bis 12 Skelette entdeckt, die meist mit den Füssen nach Westen lagen, und bei denen ein 2 Fuss 8 Zoll langes zweischneidiges Schwert, dessen hölzerner Griff mit einer Menge Silberstiften besetzt ist, ferner ein Messer und anderes Geräthe gefunden wurden. Nicht weit von da hatte man vor etwa 35 Jahren ebenfalls eine Menge Todtengerippe mit mancherlei Beigaben entdeckt."

4) Zweischneidiges Schwert von Nordendorf. Erhalten aus dem königlich bayerischen National-Museum. Fragment von 14 CM. Länge. Am breitesten Theile 5 CM. breit, jedenfalls aber ursprünglich breiter, weil stark und durch die Masse oxydirt. Die grösste Starke in Mitte der Klinge 5 MM. Spuren einer Holzscheide, d. h. Abdruck derselben, an der oxydirten Oberfläche.

5) Schwert von Schwebheim in Unterfranken. Das von mir geöffnete deutsche Grab wurde beschrieben in meiner Schrift über die „Bronzen- und Kupferlegirungen etc." p. 167—168.

Die stark oxydirte Klinge, respektive der noch vorhandene Theil desselben, ist 74 CM. lang und an den am besten erhaltenen Stellen zur Zeit noch 5 CM. breit, unbedingt war aber früher die Klinge länger und breiter. Der noch metallisch erhaltene Theil ist sehr hart und spröde, lässt sich schwer feilen, und scheint, wie Nr. 2, aus einzelnen Lamellen zusammen geschmiedet zu sein. Es ist dies am Querschnitt des metallischen Kernes angedeutet, indem Oxydschichten zwischen den einzelnen Lamellen diese sichtbar gemacht haben. Spuren einer Holzscheide sind an manchen Stellen der Oberfläche sichtbar, und eben so blieben Spuren einer organischen Substanz, welche mit Eisenoxyd stark imprägnirt ist, bei der Behandlung einiger Theile der Klinge mit schwacher Säure zurück, desgleichen mikroskopische, metallisch glanzende Partikel. Ich habe die ersteren für Reste von Leder gehalten, mit welchen die Holzscheide vielleicht überzogen war, und die letzteren können Spuren eines Farbstoffes sein, mit welchem das Leder gefärbt war.

6) Bruchstücke eines Schwertes aus vindelizischen Gräbern, bei Krummbach. National-Museum. Einzelne Fragmente fast gänzlich in Oxydoxydul verwandelt.

7) Schwert bei Kleinziegenfeld in Franken ausgegraben. Aus dem Germanischen Museum in Nürnberg. Fragment, biegsames, feilbares, weiches Eisen, scheinbar wieder aus Lamellen zusammengesetzt.

8) Kurze Lanzenspitze aus einem alt-germanischen Grabe, von Gelbelsee bei Eichstädt. National-Museum. Ziemlich wohl erhalten. Ganze Länge, mit der Hohle zum Einbringen des Schafts, bis zur Spitze 11 CM Eigentliche Klinge 7.5 CM. Grösse, Breite in der Nähe der Schaft-Hohle 2.5 CM. und dort, am stärksten Theile, die Klinge etwa 1.0 CM. dick. Ziemlich hart, doch feilbar.

9) Pfeilspitze von Nordendorf. National-Museum. Aehnliche vierkantige Form wie die mittelalterlichen Pfeilspitzen für die Stahlarmbrust, doch bedeutend schlanker, und statt der Hohle, zum Ein-

bringen des Holzschafts, eine Spitze, welche in den Schaft eingetrieben, und so befestigt wurde. Länge der aus dem Schafte hervorstehenden Eisenspitze (Klinge) 6 CM. Eisen zum Befestigen im Holze 2 3 CM. Ziemlich hart, doch durch die Feile angreifbar.

10) Fränkischer Pfeil. Professor Lindenschmit. Dünne, messerartige Klinge mit Hohle zum Einbringen des Schafts. Diese letzte 3 CM. Die Klinge etwa 8 CM. lang und am breitesten Theile 3—3.5 CM. Stark oxydirt. Das Eisen biegsam und leicht zu feilen.

11) Schildbuckel, aus einem germanischen Grabe zu Untermonzing. National-Museum. Fast die Form eines Eisenhutes. Breite des ganzen Stückes 16.5 CM. Breite des Randes 2.5 CM. Höhe der halbkugelförmigen Wölbung 8.5 CM. Starkes, etwa 4 MM. dickes Eisenblech. Weiches, biegsames und feilbares Eisen. Stark oxydirt.

12) Fragment einer Dolchscheide aus vindelizischen Gräbern bei Krummbach in Schwaben. National-Museum. Etwa 6 CM. lang und breites Eisenblech, fast gänzlich in Oxydoxydul verwandelt. Stark polarisch.

13) Messerklinge aus einem altdeutschen Grabe bei Eichstädt. National-Museum. Fragment 7 CM. lang, 2 CM. breit. Hartes, sprödes Eisen durch die Feile nicht angreifbar.

14) Fragmente einer im Lüneburgischen ausgegrabenen Axt. Germanisches Museum. Kleine, fast gänzlich aus Oxydoxydul bestehende Fragmente. Die Kohle war nicht ausscheidbar und es konnte in der schwer durch Salpetersäure herzustellenden Lösung auch kein anderes Metall nachgewiesen werden.

15) Eiserner Nagel bei Krummbach in Franken gefunden. Germanisches Museum. Oberer Theil eines grossen Nagels mit ovalem Kopfe. Länge 25 CM. Die Spitze fehlt. Wie Nr. 14 fast gänzlich in Oxydoxydul verwandelt, schwer löslich in Salpetersäure, so dass endlich Salpetersalzsäure angewendet wurde. Kohle nicht ausscheidbar. Ausser Spuren von Blei kein anderes Metall nachweisbar.

16) Kopfring aus altgermanischen Gräbern von Jrfersdorf bei Eichstädt. National-Museum. War die Biegung des 10 CM. langen Fragmentes noch die ursprüngliche, so betrug der Durchmesser des ganzen Ringes etwa 19 bis 20 CM. Die Stärke des runden Reifes 6 MM. Weiches Eisen.

17) und 18) Reste aus bojawarischen Gräbern bei Gauding. National-Museum.

A. Drei Stängchen von etwa 6 CM. Länge und 5 MM. Durchmesser. Fast gänzlich in Oxydoxydul verwandelt.

B. Ein Stängchen von fast gleicher Grösse. Mit dünnen Silberplättchen belegt, und an einem Ende mit kleinen Silberknöpfen verziert. Wahrscheinlich war das Ganze früher mit Silber bekleidet und wohl ein Schmuckgegenstand.

Die Ergebnisse der Analyse finden sich in der folgenden Tabelle I. zusammengestellt.

Tabelle I.

Ausgrabungen in Deutschland.

Fortlauf. Nr.	Gegenstand	Fundort	Von Wem erhalten	Eisen	Kohle	Kobalt	Nickel	Mangan	Kupfer	Passiv Activ
I.	Fränkischer Spatha	?	Prof. Lindenschmit	99.14	0.86	—	—	—	—	passiv
II.	Fränkische Hiebwaffe	?	Prof. Lindenschmit	99.11	0.89	—	—	—	—	passiv
III.	Alemann. Schwertklinge	Adetsweil, Schweiz	Dr. Keller	99.43	0.47	0.10	Spur			activ
IV.	Zweischneidig. Schwert	Nordendorf	National-Museum	99.21	0.79	—	—	Spur	—	passiv
V.	Zweischneidig. Schwert	Schwebheim in Unterfrank.		98.92	1.08	—	—		—	passiv
VI.	Schwert, Fragment	Aus Gräbern bei Krumbach in Schwaben	National-Museum	100.00	Spur	—	—	—	—	passiv
VII.	Schwert, Fragment	Aus Gräbern bei Kleinziegenfeld, Franken	German. Museum	100.00	Spur	-	—	—	—	passiv
VIII.	Kurze Lanzenspitze, altgermanisch	Aus Gräbern bei Gelbelsee bei Eichstädt	National-Museum	99.52	0.33	0.08	0.02	0.10	Blei Spur	activ
IX.	Pfeilspitze	Nordendorf	National-Museum	99.68	0.32	—	—	—	—	activ
X.	Fränkischer Pfeil	?	Prof. Lindenschmit	99.80	0.20	—	—	—	—	passiv
XI.	Schildbuckel	Untermonzing	National-Museum	99.33	Spur	—	—	0.02	0.05	activ
XII.	Dolchscheide	Krumbach in Schwaben	National-Museum	100.00	Spur	—	—	Spur	Spur	passiv
XIII.	Messerklinge	Gräber bei Eichstädt	National-Museum	98.75	1.25	—	—	—	Spur	passiv
XIV.	Fragment einer Axt	Gräber im Lüneburgischen	German Museum	100.00	—		—	—	—	passiv
XV.	Nagel	Krumbach in Franken	German. Museum	100.00	—		—	—	Blei Spur	passiv
XVI.	Kopfring	Irfersdorf bei Eichstädt	National-Museum	99.59	0.41	—		—		activ
XVII.	Schmuckgegenstand	Aus bojawarischen Gräbern bei Gauding	National-Museum	99.74	0.21	—	—	—	0.05	activ
XVIII.	Schmuckgegenstand	Aus bojawarischen Gräbern bei Gauding	National-Museum	99.57	0.43	—	—	—	—	activ

II.

Römische Funde.

(Tabelle II.)

1) Römscher Gladius. Professor Lindenschmit. Das spitze, fast pfriemenförmige Ende der Klinge. Es war am hinterem Theile 2.3 CM. breit, und im ganzen 8.0 CM. lang.

Sehr hart und der Feile widerstehend, nach dem Urtheile eines Schlossers, eine der härtesten „Stahlsorten", welche ihm vorgekommen.

2) Römische Schwertklinge von Marthalen, Schweiz. Von Dr Keller. Fragment fast durch die ganze Masse in Oxydoxydul verwandelt. Besprochen in den Mittheilungen der antiquarischen Gesellschaft in Zürich Bd. XV p. 104 und 330, mir nicht zugänglich.

3) Römische Speerspitze. National-Museum. Die ganze Länge beträgt, mit Einschluss der Hohle für den Schaft, 12 CM. Zur Befestigung des Schafts diente ein durch die theilweise geöffnete Hohle getriebener noch vorhandener Nagel. Die ganze Waffe ist roh gearbeitet, und macht den Eindruck, als sei sie nicht für den Krieg, sondern vielleicht zu Kampfspielen, oder Uebungen bestimmt gewesen, denn anstatt spitz zu enden, verläuft sie in plumper, vierkantiger und oben abgestumpfter Form. Das Eisen ziemlich weich, feilbar.

4) Römische Lanzenspitze, in Rom ausgegraben. Erhalten von Herrn Professor Bergau in Nürnberg. Aeusserlich stark oxydirt, doch innen wohl erhaltener Eisenkern. Mit der Hohle für den Schaft, etwa 9 CM. lang und 1.0 bis 1.5 CM. breit. Ziemlich weiches Eisen, feil- und hämmerbar.

5) Römische Lanzenspitze, in Rom ausgegraben. Prof. Bergau. Fragmente durch die Masse in Oxydoxydul verwandelt.

6) Römisches Messer vom Galgen bei Zürich. Dr. Keller. Erwähnt in den Mittheilungen der antiquarischen Gesellschaft in Zürich. Bd. XV p. 44. Keller über römische Ansiedlungen der Ostschweiz. Totallänge 15 CM., Klinge 9.5 CM., Eisen zur Befestigung im Griffe 5.5 CM. Breite der vom Rost befreiten Klinge: etwa 12 MM., doch ursprünglich wohl breiter. Hartes, aber nicht sprödes Eisen.

7) Römische Messerklinge, von Salzburg. Erhalten von Herrn Oberst von Gemming. Dieses sowohl als die anderen in Salzburg aufgefundenen und von Oberst von Gemming mir gegebenen Stücke, wurden 1830 von demselben an der Strasse von Salzburg nach Reichenhall, (im sogenannten Himmelreiche) aufgefunden. Unter die wichtigsten Gegenstände jenes reichen Fundes, gehören viele, zum Theil noch wohl erhaltene Stücke eines Wagens, dessen Metallbeschläge sämmtlich von Eisen gewesen zu sein scheinen, während die Bronze-Gegenstände theilweise vergoldet, wohl nur als Zierrath dienten.

Die in Rede stehende Messerklinge ist ein 9 CM. langes und 1.5 CM. breites Fragment, von ziemlich hartem, doch biegsamem Eisen.

8) Römische Messerklinge. Salzburg. v. Gemming. Ganz den vorigen ähnliches Fragment.

9) Römische Sichel von Kloten. Dr. Keller. Erwähnt von Keller in den Mittheilungen der antiquarischen Gesellschaft in Zürich Bd. XV p. 99. Spitzentheil der Sichel mit der Krümmung 15 CM. lang, am stärksten Theil, gegen den Griff zu, 3 CM. breit. Der Rücken 4 bis 5 MM. stark. Nicht gezähnt, das ganze Instrument scheint weniger gekrümmt gewesen zu sein, als die gegenwärtig gebräuchlichen Sicheln. Hartes, ziemlich sprödes Eisen.

10) Römische Säge von Kloten, Dr. Keller, und von demselben am oben angeführten Orte erwähnt. Fragment. Breite des Sägeblattes 5 CM. Stark oxydirt, im Innern aber noch wohl erhaltenes Eisen, welches hart aber nicht spröde war. Rostfrei gedacht, mag die ursprüngliche Stärke des Sägeblattes dem unserer heute gebräuchlichen Holzsägen so ziemlich gleich kommen.

11) Eisenstücke von einem am Mittelrheine aufgefundenen alten, muthmasslich römischen Bauplatze. Germanisches Museum. 5 CM. langes keilförmiges Eisenstück, Keil oder Nagel. Weiches Eisen, feilbar, kalt zu hämmern.

12) Nagel. Salzburg. Oberst von Gemming. Zu dem oben erwähnten Wagen gehörig. 8 CM. lang mit 1.5 CM. breitem, rundem Kopfe. Weiches Eisen.

13) und 14) Nägel von demselben Wagen. Ganz Nr. 12 ähnlich.

15) Grosser Nagel, aus einem römischen Gebäude von Seeb, Schweiz. Dr. Keller. Der Nagel hat 15 CM. Länge, aber er ist abgebrochen, und mochte wohl ursprünglich noch einmal so lange gewesen sein. Er ist vierkantig, mit etwa 1 CM. starker Seitenfläche, und der schmale, zu beiden Seiten dachförmig abfallende Kopf, hat ganz die Form wie jene, der heut zu Tage bei uns gebräuchlichen, sogenannten Brettnägel. Ziemlich hartes Eisen.

16) Thürband, in Rom ausgegraben. Professer Bergau. Das ziemlich stark mit Oxyd, Sand und Erde überzogene Fragment, war mechanisch zu reinigen, und seine Form ergab deutlich seine frühere Bestimmung. Länge, mit der Krümmung für die Angel, 9 CM. Breite: 1.5 CM. Stärke 2 MM. Weiches Eisen.

17) Nagel. Römisch? Von Epfach (Abudiacum) an der Römerstrasse zwischen Augsburg und Partenkirchen. National-Museum. Unten zugespitzte Eisenstange, 15 CM. lang, oben, am dicken Theile 1 CM. stark. Stark oxydirt, doch im Innern regulinisches Eisen. Ziemlich weich.

18) Römisch-germanische Schwertscheide. Prof. Lindenschmit. Dünnes Blechfragment.

19) Römische Pfeilspitze, von Windisch, Schweiz. Dr. Keller. Die aus hartem Eisen bestehende Pfeilspitze hat ganz die Form der mittelalterlichen, für die Stahlbogen-Armbrust gebräuchlichen. Sie ist besprochen in den Mittheilungen der antiquarischen Gesellschaft in Zürich, p. 135 im Bande XV, welcher mir, wie bereits bemerkt, leider nicht zugänglich war. —

Ich habe dieser Tabelle die Untersuchung einiger Eisenstücke, gefunden in Athen, beigefügt, welche ich der Güte des Herrn L. Meyer in Nürnberg verdanke. Sie wurden in Athen, etwa 10 Fuss tief unter der Erde ausgegraben. A, B und C scheinen Stücke von 12 bis 13 CM. langen Eisenstängchen gewesen zu sein. D hat eine schwer zu beschreibende Form, und ist vielleicht Fragment eines Thürbeschläges. Ich habe bei den durch die Masse in Oxydoxydul verwandelten Nr. I, II, IV kein anderes Metall als Eisen auffinden können, und die Kohlenstoffbestimmung, als wenig zuverlässig, nicht angegeben. Nr. III indessen, C, zeigte noch regulinischen Eisenkern, und ergab einen geringen Gehalt von Kohlenstoff.

Die hier folgende Tabelle II zeigt nun die Resultate der Analysen.

Römische Funde.

Tabelle II.

Fort-lauf. Nr.	Gegenstand.	Fundort.	Von wem erhalten.	Eisen	Kohle	Kobalt	Nickel	Mangan	Kupfer	Activ Passiv
I.	Gladius	?	Prof. Lindenschmit	98.58	1.30	0.12	Spur	—	—	passiv
II.	Schwertklinge	Marthalen, Schweiz	Dr. Keller	99.04	0.83	0.13	—	—	—	passiv
III.	Speerspitze	?	National-Museum	99.30	0.70	Spur	—	—	—	activ
IV.	Speerspitze	In Rom ausgegraben	Prof. Bergau	99.50	0 50	—	—	—	—	activ
V.	Speerspitze	In Rom ausgegraben	Prof. Bergau	110.00	Spur	—	—	—	Spur	passiv
VI.	Messerklinge	Vom Galgen bei Zürich	Dr. Keller	98.77	1.15	0.08	—	—		passiv
VII.	Messerklinge	Salzburg	Oberst v. Gemming	99.77	0.05	0.18	Spur	—	—	activ
VIII.	Messerklinge	Salzburg	Oberst v. Gemming	99.20	0.78	0.02	—	—	—	activ
IX.	Sichel	Kloden, Schweiz	Dr. Keller	98.55	1.25	0.10	Spur	Spur	—	activ
X.	Sägeblatt	Kloden, Schweiz	Dr. Keller	98.60	1.30	0.10	--	—	Blei Spur	activ
XI.	Eisenstück (Keil)	Am Mittelrhein auf röm. Bauplatz	Germ. Museum	99 77	Spur	0.23	—	—	—	activ
XII.	Nagel	Salzburg	Oberst v. Gemming	98.84	1.13	0.03	—	Spur	—	activ
XIII.	Nagel	Salzburg	Oberst v. Gemming	99.10	0.90	Spur	—	—	—	activ
XIV.	Nagel	Salzburg	Oberst v. Gemming	99.15	0.85	—	—	—	—	activ
XV.	Grosser Nagel	Seeb, Schweiz	Dr. Keller	99.48	0.42	0.10	Spur	—	—	passiv
XVI	Thürband	In Rom ausgegrabeu	Prof. Bergau	99.77	0.23	—	—	—	—	activ
XVII.	Nagel. Römisch?	Von Epfach. Römerstrasse zwischen Augsburg und Partenkirchen	National-Museum	99.20	0.80	—	—	—	Blei Spur	activ
XVIII.	Schwerdscheide	Römisch-Germanisch	Prof. Lindenschmit	99.54	0.45	0.01	—	Spur	—	activ
XIX.	Pfeilspitze. Römisch?	Windisch, Schweiz	Dr. Keller	98.75	1.25		—	—	—	passiv

Ausgrabungen in Griechenland.

Fort-lauf. Nr.	Gegenstand.	Fundort.	Von wem erhalten.	Eisen	Kohle	Kobalt	Nickel	Mangan	Kupfer	Activ Passiv
I.	Fragment	In Athen ausgegraben	H. Meyer	100.00	—	—	—	—	—	passiv
II.	Fragment	In Athen ausgegraben	H. Meyer	100.00	—	—	—	—	—	passiv
III.	Fragment	In Athen ausgegraben	H. Meyer	99.76	0.24	—	—	—	—	passiv
IV.	Fragment	In Athen ausgegraben	H. Meyer	100.0	—	—	—	—	—	passiv

Ich habe endlich einige Eisen aus der Zeit des Mittelalters und der Renaissance untersucht, von welchen ich die Nr. IV, V und VI von Herrn Antiquar S. Pickert in Nürnberg erhalten habe, während die andern theils Ausgrabungen in Nürnberg sind, theils vor Jahren bei Gelegenheit eines Schleussenbaues, bei Schweinfurt im Maine gefunden wurden.

Die Gegenstände aus Nürnberg wurden theils im Laufe der letzten Jahre beim Legen von Gas- oder Wasserleitungsröhren, meist in einer Tiefe von 4 bis 5 Schuhen gefunden, theils bei dem, im vorigen Jahre begonnenen, Abbruche des sogenannten alten Tuchhauses ohnweit des Hauptmarktes, und mehrere derselben in verhältnissmässig bedeutender Tiefe.

Aus der ziemlichen Anzahl dieser Eisenfunde, sowohl von Schweinfurt als auch von Nürnberg, wurden diejenigen zur Analyse ausgesucht, bei welchen noch ein reiner, feilbarer Eisenkern zu gewinnen war, vorzugsweise um die Kieselerde berücksichtigen zu können, und schliesslich habe ich einige Analysen von Eisenproben der Neuzeit beigefügt. Ich habe gewissermassen als Kontrole meiner Untersuchungen der älteren Eisen, eine grössere Menge neuer Eisensorten, nach dem gleichen Verfahren wie jene, untersucht, selbstverständlich gehört indessen die Angabe sämmtlicher der bei dieser Reihe erhaltenen Resultate nicht hierher.

Die untersuchten Gegenstände des Mittelalters und der Renaissance waren folgende:

1) Dolchklinge, im Maine bei Schweinfurt gefunden. Wohl früherer Zeit angehörig. Die schilfförmige Klinge 20 CM. lang, am Hefte 3.5 CM. breit und dann allmälich spitz zulaufend. Die Klinge war vermittelst eines Eisenfortsatzes in das Heft eingelassen, wie ein noch vorhandenes aber jedenfalls theilweise abgebrochenes Stück Eisen zeigt. Klinge hart und spröde.

2) Sichelförmig gekrümmtes Schneideinstrument. Unter dem Strassenpflaster in Nürnberg ausgegraben. Die Länge der indessen abgebrochenen Klinge, der Krümmung nach, 14 CM. aber vielleicht ursprünglich 20 und etliche CM. lang. Breite der Klinge 1.6 CM. Die harte und spröde Klinge diente wohl als Werkzeug für einen Holzarbeiter.

3) Messerklinge, beim Abbruche des Tuchhauses etwa 5 bis 6 Fuss tief gefunden. Spitze Klinge. Fragment 6 CM. lang 1.8 CM. breit. Hart und spröde, aber activ.

4) Sporn, muthmasslich aus dem Anfange des 17. Jahrhunderts. Zierliche Arbeit, der Bügel gemustert, mit kleinen warzenartigen Verzierungen bekleidet. Der Bügel weiches Eisen.

5) Rad desselben Spornes. Etwa 2 CM. im Durchmesser. Sägenartig gezähnt. Spröde.

6) Grösseres Spornrad. 6 CM. im Durchmesser. Die einzelnen, runden, geschmiedeten Stacheln etwa 2 CM. lang. Nicht sehr hartes Eisen

7) Schlüsselfragment, Wohl aus den letzten Decennien des 16. oder Anfang des 17. Jahrhunderts. Beim Abbruche des Tuchhauses gefunden. Ziemlich weiches Eisen.

8) Nagel, am Tuchhause. Vierkantig, 15 CM. lang, die Seitenflächen 9 MM. breit. Weiches Eisen.

9) Nagel, vom Tuchhause, Fragment dem vorigen ähnlich

10) Grosser Nagel, bei Schweinfurt im Flusse gefunden. 20 CM. lang mit 3.5 CM. breitem, rundem Kopfe. Er war mit einem starken, raseneissensteinartigen Ueberzuge bekleidet, und das weiche Eisen ziemlich wohl erhalten. Vielleicht ein Schiffsnagel.

11) Thürband. Vom Tuchhause. Fragment weiches Eisen.

12) Grosses Hufeisen, etwa 6 Fuss tief unter dem Strassenpflaster gefunden.

13) Kleineres Hufeisen, ebenfalls unter dem Strassenpflaster gefunden. Hartes Eisen.

14) Ganz dem vorigen ähnliches Hufeisen.

Wie oben, zeigt die hier folgende Tabelle III die Ergebnisse der chemischen Untersuchung:

Mittelalter, Renaissance.

Tabelle III.

Fort-lauf. Nr.	Gegenstand.	Fundort.	Eisen	Kohle	Kobalt	Nickel	Mangan	Kupfer	Kiesel-erde	Activ, Passiv
I.	Dolchklinge	Im Maine bei Schweinfurt	98.77	1.20	—	—	—	—	0.03	passiv
II.	Sichelförmig gekrümmtes Schneideinstrument	Nürnberg. Unter der Erde beim Legen von Gasröhren gefunden	99.17	0.80	—	—	—	Spur	0.03	passiv
III.	Messerklinge	Nürnberg. Beim Abbruche des Tuchhauses gefunden	98.90	0.98	—	Spur	—	—	0.12	activ
IV.	Sporn aus dem Anfang des 17. Jahrhunderts. Bügel.	?	99.64	0.31	—	—	Spur	—	0 05	activ
V.	Derselbe. Rad	?	99 98	0.93	—	—	—	Spur	0.09	passiv
VI.	Spornrad	?	99.33	0.60	—	—	—	—	0.07	passiv
VII.	Schlüsselfragment	Nürnberg. Beim Abbruche d. Tuchhauses	90 04	0.87	—	—	Spur	—	0.09	passiv
VIII.	Nagel	Nürnberg. Beim Abbruche d. Tuchhauses	99.17	0.83	Spur	—	—	—	—	activ
IX.	Nagel	Nürnberg. Abbruch des Tuchhauses	99.20	0.77	—	—	—	—	0.03	activ
X.	Grosser Nagel	Bei Schweinfurt im Maine	99.51	0 42	—	—	—	0.02	0.05	activ
XI.	Thürband	Nürnberg. Abbruch des Tuchhauses	99.32	0.52	—	—	Spur	0.06	0.10	activ
XII.	Hufeisen	Nürnberg. Unter der Erde beim Legen von Gasröhren	99.20	0.80	—	—	—	—	—	activ
XIII.	Desgleichen	Desgleichen	98.85	1.00	0.11	—	—	Spur Blei	0.04	passiv
XIV.	Desgleichen	Desgleichen	98.36	0.90	0.10	—	Spur	0.61	0.03	passiv

Eisenproben der Neuzeit.

Fort-lauf. Nr.	Gegenstand.	Fundort.	Eisen	Kohle	Kobalt	Nickel	Mangan	Kupfer	Kiesel-erde	Activ, Passiv
I.	Drahtstift 5.5 CM. lang		99.10	0.83	—	—	Spur	—	0.07	activ
II.	Schraube mit Oehr 3.5 CM. lang		99.56	0.41	Spur	Spur	—	—	0.03	activ
III.	Geschmiedeter Nagel 7.0 CM. l.		99.66	0.27	—	—	—	Spur	0.07	activ
IV.	Grösserer geschmiedeter Nagel 8.5 CM. lang		99.34	0.62	Spur	—	—	—	0.04	activ
V.	Bogen einer Stahlsäge		98.72	1.15	—	—	—	Spur	0.13	passiv
VI.	Sägeblätter f. Metall (Uhrfedern)		98.24	1.45	—	—	—	—	0.31	passiv

Nach diesen Angaben der Resultate, welche ich erhalten habe, lasse ich die beiden oben bereits erwähnten Untersuchungen alter Eisenfunde folgen.

Die eine derselben ist in einer Schrift von Hünefeld und Picht angegeben *), mit der Bezeichnung:

„Qualitative Untersuchung einer schlackenartigen Masse, aus einem Hünengrabe der Stubnitz, genannt Pfennigskasten."

Hünefeld fand: Ziemlich viel Eisenoxyd, phosphorsauern Kalk, phosphorsaures Eisenoxyd, Kohle, Kieselerde, graphitartige Masse, und Spuren organischer Substanz. Das untersuchte Stück wurde in einer Urne auf gebrannten Knochenresten gefunden, war hart, porös und nicht „magnetisch afficirbar", und Hünefeld hält sie kaum für eine eigentliche Eisenschlacke, sondern herstammend „aus dem im Körper der Todten noch rückständigen Blute u. s. w." und durch die Verbrennung erzeugt.

Die zweite Angabe ist von Stolba **) und betrifft einen Eisenring, welcher bei Teplitz in einem heidnischen Grab-Hügel aufgefunden wurde, welcher muthmasslich aus der Zeit der Slaven stammt. Der Ring bestand aus einem 4 MM. dicken Eisendrahte, der an zwei Enden Knöpfe bildete, die sich berühren. Die Rundung ist länglich, oval, die grösste äussere Weite beträgt 70 MM., die kleinste 63 MM. das Gewicht 20,7 Grm.

Der Ring bestand aus Schmiedeisen von schön fasriger Struktur, und scheint durch ein Zieheisen gezogen worden zu sein, und war wohl erhalten, was Stulba einer dünnen Schicht von Eisenoxydoxydul, mit welchem er überzogen war, zuschreibt. Stolba ist ungewiss darüber, ob dieser Ueberzug absichtlich, zum Schutze des Eisens erzeugt worden sei, ob er zufällig entstanden, oder aber er durch den Verbrennungsprozess der Leiche hervorgebracht worden sei.

Also hat auch Stolba ein Eisen unter der Hand gehabt, welches dem unsrigen an Güte nichts nachgab, und es scheint hieraus, sowie aus meinen Untersuchungen hervor zu gehen, dass die Alten sowohl gutes Schmiedeeisen, als auch Stahl zu bereiten wussten.

Die Erden fanden sich in den von mir untersuchten, rein metallischen, Stücken so wenig, wie sie in den heute zu Tage dargestellten, guten Eisensorten vorhanden sind, und die geringen Beimengungen anderer Metalle, welche von wenig Bedeutung für die Güte des Eisens sind, finden sich eben so noch in unseren Eisen, als wie in jenen aus alten Zeiten. Dies zeigt ein Blick auf die vielen Eisenanalysen der Gegenwart, und ein zweiter auf die von mir erhaltenen Resultate.

Dass auch Stahl und stahlartiges Eisen von den Alten dargestellt werden konnte, zeigt die Härte, der grosse Kohlenstoffgehalt,

---

*) Rügens, metallische Denkmäler der Vorzeit etc. Leipzig. L. Voss. 1827, p. 43.

**) Erdmann, Journal f. pract. Chemie Band 101 pag. 144. Jahrg. 1867.

und die Passivität der meisten Waffen und schneidenden Instrumente, und fanden sich unter manchen derselben Stücke, welchen diese Eigenschaften fehlten, so trifft man auch jetzt noch Säbel- und Messerklingen, sowie andere schneidende Werkzeuge, welche wenig werth sind.

Wirft man einen Blick auf die Tabellen I. und II., so findet sich, dass Mangan, der sonst so treue Begleiter des Eisens, bei den deutschen und römischen Funden, verhältnissmässig nur gering vertreten ist. Das Kupfer, darf man aus der, freilich nicht grossen Anzahl von Analysen, einen solchen Schluss ziehen, scheint bei den deutschen Ausgrabungen zu überwiegen, und das zwar ebenfalls bei den aus dem Mittelalter stammenden Funden, die Mengen des Bleies aber sich gleich zu verhalten, denn die bei Nr. XIV. Tabelle III. gefundene Menge von 0.61 Grm. mag wohl als eine Zufälligkeit betrachtet werden.

Unbedingt auffallend ist das häufige Vorkommen von Kobalt in den römischen Eisen, und die verhältnissmässig grossen Mengen desselben.

Erdmann und Weiske*) haben fast in allen künstlichen Eisensorten Kobalt und Nickel gefunden. Aber es wurden dort bedeutend grössere Mengen Material verwendet (wenigstens 160 Grm.), als mir zu Gebot standen.

Nimmt man aber auch an, dass, wäre bei den älteren deutschen und mittelalterlichen Eisen, bei Verwendung grösserer Mengen, ebenfalls häufiger Kobalt gefunden worden, so ergibt sich dennoch, dass die römischen Eisen jedenfalls mehr Kobalt enthalten, als alle andern untersuchten Eisensorten, da für die ersteren nicht mehr Material zur Untersuchung kam, als für die deutschen.

Ist dieser grössere Kobaltgehalt der römischen Eisen bedingt durch die Eisenerze, welche den Römern zu Gebot standen, und von ihnen bearbeitet wurden, oder liegt es in ihrer Behandlung der Erze? Ich weiss das nicht, aber es mag sein, dass Fragen über die Abstammung irgend eines Funds, durch diese Beimengung von Kobalt, vielleicht leichter entschieden werden, als das durch ähnliche, sogenannte „unwesentliche Bestandtheile" bei den Bronzen der Fall ist, denn Gegenstände verschiedener Art von Eisen, waren wohl zwar eben so gut Handelsartikel, oder kamen als Beutestücke in fremde Länder, als Bronzen, kaum aber, oder wenigstens sicher nur selten, wurde ein solches Eisenstück auswärts umgearbeitet, und in die dort landesübliche Form gebracht, wie das bei Bronzen unzweifelhaft der Fall war. —

Fragt man sich, welche Erze, und welche Mittel, dieselben zu verschmelzen, den Alten zu Gebot standen, so lag der Gedanke nicht allzuferne, dass sie zuerst durch Funde von gediegenem Eisen auf dessen Bearbeitung geleitet worden seien, und bei diesen Eisenfindlingen musste an das verhältnissmässige nicht allzuseltene Meteoreisen gedacht werden, da tellurisches gediegener Eisen nur höchst spärlich getroffen wird.

---

*) Erdmann, Journal für pract. Chemie. Bd. 98. p. 479.

Der bedeutende Nickelgehalt*) indessen, welchen bekanntlich die Meteoreisen haben, und die geringen Mengen dieses Metalles, welches sich in den vorstehenden Analysen ergab, zeigt, dass bei den betreffenden Eisen wohl kein Meteoreisen angewendet wurde.

Mag es also auch sein, dass die ersten Versuche, Eisen zu bearbeiten, durch meteorische Findlinge hervorgerufen worden sind, so wussten doch die Alten, und das zwar bereits in sehr früher Zeit, Eisen aus den betreffenden Erzen darzustellen.

Ich glaube nicht, dass eine grosse Anzahl von Notizen vorliegt, welche die Methoden näher bezeichnen, nach welchen dies geschehen sein mag, indessen zweifle ich nicht, dass von den Archäologen Stellen aufgefunden und beschrieben worden sind, an welchen man Eisen aus den Erzen in alten Zeiten gewonnen hat.

Ich glaube, das desshalb, weil Giessstätten für Bronze nicht unbekannt geblieben sind, und die Bronze, für die deutschen Lande und Italien wenigstens, ein höheres Alter, als die Anwendung des Eisens hat.

Die wenigen Notizen, welche mir hierüber bekannt sind, mögen schliesslich hier einen Platz finden.

Diodorus spricht von den Eisenwerken auf Elba. Das Eisenerz, σιδηρίτις, wird dort häufig gefunden und leicht aus den Felsen gewonnen. Es wird zerschlagen und in künstlichen Oefen geglüht, die Erze schmelzen und das geschmolzene Metall zerschlägt man, verführt es nach den Handelsplätzen und verarbeitet es als Werkzeug.

Plinius sagt, dass man Eisenbergwerke aller Orten fände, und dass dieselben die ergiebigsten wären. So fände sich an einer Küste Spaniens ein ganz aus Eisen bestehender hoher und steiler Berg. Im übrigen zeigt aber schon die Farbe der Erde die Nähe von Eisenerzen an.

Was die Gewinnung des Eisens betrifft, so sagt er, sie sei aller Orten die nämliche, mit Ausnahme von Kapadocien, wo die Erze, ehe sie in die Oefen kommen, mit einem gewissen Flusswasser behandelt werden müssen.

Je nachdem man eine Eisensorte herzustellen wünscht, sind auch die Oefen verschieden. So wird in einigen der ferri nucleus, der Stahl, verfertigt, mit welchem man die Schneiden härtet, ad indurandum aciem, also muthmasslich anschweisst. In anderen Oefen macht man Stahl für Hämmer und Ambose.

Einen grossen Einfluss bei der Bereitung des Eisens schreibt er dem Wasser zu, in welches das glühende Eisen von Zeit zu Zeit eingetaucht wird, und er führt Städte in Italien und Spanien an, welche sich durch solches Wasser auszeichnen.

---

*) Ich habe bei einer Zusammenstellung von 56 Analysen von Meteoreisen als den geringsten Gehalt an Nickel 1.56 pCt., dann 2.00, 3.07 und 3.18 pCt. angegeben gefunden, und abgesehen von den grösseren Mengen, zum Beispiel 17.104 von Babbs Mühle, Tenessee, Clark — 34.77 von Schwetz an der Weichsel, Rammelsberg — und endlich selbst 59.69 vom Mississipi, Taylor, ergibt sich für den mittleren Gehalt der Meteoreisen etwa 6 bis 8 pCt. Nickel.

Die verschiedenen Eisensorten nennt man stricturae, ein Ausdruck, welcher bei keinem andern Metalle gebräuchlich ist, und es gibt solche stricturae von sehr verschiedener Art. Weiche, fast wie Blei, brauchbar für Wagenräder und Nägel, andere spröde, fast zerbrechlich wie Erz. Das stimmt trefflich mit den Eigenschaften des Eisens. Weniger vielleicht die Notiz, dass einige Eisensorten leichter als andere rosten, und einigermassen unverständlich ist eine weitere, wo er von einer Eisensorte spricht, welche sich wegen ihrer „Kürze“ vortrefflich zu Schuhnägeln eignet.

Aber man weiss, dass Plinius ein Compilator war, und hat er gleichwohl Manches in seinen Schriften aufgenommen, das ihm selbst nicht vollkommen klar war, oder was er falsch verstanden haben mag, so geht desshalb doch aus der Summe seiner Mittheilungen hervor, dass die Römer das Eisen gut darzustellen wussten und dass die Art und Weise, wie sie dies thaten, viele Aehnlichkeit mit der unsrigen hatte, standen ihnen auch nicht die immensen Hülfsmittel zu Gebote, welche die heutige Technik besitzt.

Plinius erwähnt ferner der Nachbarländer und der römischen Provinzen, welche ebenfalls treffliches Eisen lieferten, so Kärnthen und Steiermark, Noricum und Seria mit dem Beinamen Fama Julia, am Aras, in Spanien, und, wie schon oben gesagt, belobt auch Diodorus die eisernen Waffen der Celtiberer in Spanien. Aber ich weiss nicht, ob man entwickelt hat, ob diese Kenntniss des Eisens von den Römern zu den Barbaren gelangte, oder ob vielleicht nicht der umgekehrte Fall statt fand.

In Griechenland, und den Nachbarländern desselben, scheint man die Eisenerze in Erdgruben verschmolzen zu haben.

In der Nähe der Schlackenhalden, welche sich ohnweit alter Eisenbergwerke befinden, trifft man nie auf Spuren von Mauerwerk, oder auf andere Anzeichen, dass irgendwo ein Ofen gestanden habe.

Hesiodus sagt: Die vom Blitze getroffene Erde schmolz wie Eisen, welches das stärkste Metall ist, und, vom Feuer gebändigt, in der Erde, unter des Hephästus Händen schmilzt, und nach den Berichten Russegger's gewinnen die Araber in Kordofan noch heute Eisen aus Raseneisenstein, welchen sie in der Erde verschmelzen.

Im Vorstehenden habe ich bereits die Namen derjenigen genannt, welche mich mit Material zu meiner Arbeit unterstützten, und ich erfülle schliesslich eine angenehme Pflicht, indem ich sowohl den geehrten Herren Vorständen der öffentlichen Museen, als auch den mir befreundeten Privatpersonen hiefür meinen verbindlichsten Dank erstatte.

Nürnberg im September 1870.

Bibra.

Ueber das chemische Verhalten und die Bestandtheile alter Silberfunde.

Notizen über das Silber überhaupt.

Nicht vollständig ist, in Bezug auf alte Silberfunde, das was ich in der ersten Abtheilung dieses Schriftchens über Eisenfunde andeutete, denn während man, in chemischer Beziehung, dem Eisen nur wenige Aufmerksamkeit zuwendete, wurde Silber, und das zwar vorzugsweise Münzen, häufiger untersucht.

Freilich reicht die Anzahl dieser Untersuchungen nicht entfernt an jene, welche man mit antiken Kupferlegirungen vorgenommen hat, aber daran trägt ohne Zweifel die grössere Seltenheit und Kostbarkeit des Materials die Schuld, denn es ist in der That in vielen Fällen rein unmöglich, nur halbweg vollständige Reihen von Material für eine oder die andere Serie zu erhalten.

Weiter unten werde ich, an geeigneter Stelle, die Arbeiten anderer Chemiker anführen, in so ferne mir solche zugänglich gewesen sind, wobei freilich Wiederholungen bereits in meiner früher erschienenen Arbeit über die Kupferlegirungen nicht zu vermeiden sind.

Höchst wahrscheinlich waren Gold und Silber diejenigen Metalle, welche zuerst von den Menschen benützt wurden, und der Grund hievon liegt unbedingt darin, dass beide in regulinischem Zustande gefunden werden, dass sie verhältnissmassig leicht schmelzbar sind, und durch Luft und Wasser sich nur sehr wenig verändern.

Vielleicht aber war gleichzeitig mit Gold und Silber auch schon das Eisen im Gebrauche, denn in den ältesten Ueberlieferungen wird, neben Gold und Silber, auch dieses Metalles gedacht.

Nahe liegt aber die Vermuthung, dass das erste von menschlichen Händen verarbeitete Eisen ebenfalls regulinisches, das heisst Meteoreisen gewesen sei.

Erst nach Abschluss meiner vorstehenden Arbeit über alte Eisenfunde erhielt ich durch die Güte des, leider wenige Wochen später dahin geschiedenen Herrn Professors von Haidinger, eine Abhandlung*) zugesendet, welche diese meine, oben ebenfalls ausgesprochene Vermuthung, zu bethätigen scheint.

*) Mittheilungen der anthropologischen Gesellschaft in Wien. Nr. 3. Bd. I. p. 63.

Es geht wenigstens aus dieser Arbeit Haidinger's hervor, dass noch heut zu Tage, von unkultivirten Volksstammen, Meteoreisen verarbeitet wird, so von einigen Stämmen im südöstlichen Afrika, und von den Eskimos, und man hat in den Messerklingen dieser letzteren Nickel nachgewiesen.

Dass in den von mir untersuchten, älteren Eisenfunden selten, und selbst da nur geringe Spuren von Nickel gefunden wurden, zeigt, dass zu dieser Zeit kein Meteoreisen verarbeitet wurde. Eisen aber, aus jenen ältesten Zeiten, aus denen des Tubalkain, „qui fuit malleator et faber in cuncta opera aëris et ferri", (Genesis Cap. IV. V. 22. Biblia sacra etc. Pragae 1757) des Moses, aus der Zeit von Trojas Zerstörung, und selbst aus der des Homer, wird, bei der leichten Zersetzbarkeit dieses Metalles, wohl kaum mehr zu finden sein.

Sprechen wir aber nun vom Silber.

In der Bibel finden sich eine Menge von Stellen, in welchen desselben gedacht wird, stets aber schon als Kostbarkeit, und von Kobell*) zieht den Schluss, dass schon zu Abrahams Zeiten das Silber als Aequivalent im Kaufe allgemein eingeführt war.

Die Vorliebe, welche die Sprösslinge des ehrwürdigen Patriarchen für dieses „Aequivalent" noch heute zeigen, hat mithin ihre historische Berechtigung.

Kobell hält es nicht für unwahrscheinlich, dass die ältesten Silbergruben im Norden Babyloniens, und auf den Iberischen Halbinseln gelegen seien, Homer aber, um 1105—850 vor Christus, gibt als vorzüglichsten Fundort Alybai an, eine Landschaft, von welcher Strabo vermuthet, dass das Land der Chalyber im Pontus gemeint sei.

Obgleich aber Homer vorzugsweise von Gold spricht, erwähnt er doch auch des Silbers an verschiedenen Stellen.

Hephaestus schmilzt, für die Rüstung des Achilles, Kupfer, Zinn, Gold und Silber zusammen, und auf dem Schilde des Achilles befanden sich Weinstöcke von Gold, befestigt an silbernen Pfählen, und Schafe von Silber.

Mit Gold und Silber war der Wagen des Rhesus geschmückt, und Silber wird von einem Goldschmiede vergoldet.

Menelaus gab dem Telemachus einen silbernen Becher mit goldenem Rande.

Die Thürpfosten im Palaste des Alkinous waren von Silber, und vor der Thüre standen Hunde, gefertigt aus Gold und Silber.

Dienerinen giessen in silberne Becken Wasser aus goldenen Krügen, und Achilles setzt als Kampfpreis ein silbernes Mischgefässe aus. —

Kaum liegt über die Reindarstellung von Silber aus jenen Zeiten etwas vor, und vielleicht ist eine Notiz des Ayarthides, einige Jahrhunderte vor Christus, über das Kuppeliren, eine der ältesten Nachrichten.

Strabo, geboren um 60 vor Christus, erwähnt dann der Reinigung des Silbers durch Blei.

Kaum aber kann dies auffallen.

---

*) Illustrirte deutsche Monatshefte, Juli 1871. p. 406, welcher Arbeit ich noch mehrere treffliche Notizen entnommen habe.

Man hatte in jener Zeit keinen Begriff von dem, was man heute zu Tage ein reines Metall nennt, man fand gediegen Gold und gediegen Silber, man schied dies letztere aus seinen Erzen empirisch aus, war aber zufrieden, wenn das Gold gelb und das Silber weiss war, aber auf einige Prozente von fremden Bestandtheilen kam es wohl nicht an, wenn gleich, wie man unten sehen wird, einige Völker Silber ziemlich rein darzustellen verstanden.

Freilich aber wusste man, dass das Gold schwerer war als Silber, und hatte auch Kenntniss vom specifischen Gewichte, wenigstens zu Zeiten des Archimedes, der zu Syrakus etwa um 287 vor Christus geboren war, und beim Baden auf die Theorie des specifischen Gewichtes kam, und dann den Satz entwickelte, dass ein in eine Flüssigkeit getauchter Körper so viel an seinem Gewichte verliert, als die Schwere eines gleichen Volumens der Flüssigkeit beträgt.

Vitruvius erzählt von ihm, dass er diese seine Entdeckung angewendet habe zur Probe auf mit Silber verfälschtes Gold.

Der König Hiero von Syrakus, mit welchem Archimedes verwandt war, sendete ihm eine goldene Krone, welche er sich hatte fertigen lassen, von der man aber vermuthete, dass der Goldschmied betrüglicher Weise Silber zugesetzt habe. Archimedes nahm das specifische Gewicht der Krone, und fand auf diese Weise wirklich den Betrug. —

Da man mit Silber, respektive Gold, wenn nicht Alles, doch wenigstens ganz ausserordentlich viel ins Werk setzen kann, so war schon in den ältesten Zeiten der Artikel kaum weniger beliebt, als in unserer verderbten Zeit, und die grossen Herren, und ohne Zweifel auch die kleinen, griffen wacker zu, wenn sich eine passende Gelegenheit fand.

Die Kriegs-Entschädigungen jener Zeiten, welche man damals mit dem barbarischen Namen „Tribute“ bezeichnete, wurden in Silber bezahlt.

Rawlinson entzifferte auf dem Palaste Nimrod's in Ninive eine Inschrift, nach welcher um 750 vor Christus der König Phuluk den König Mariha von Damaskus besiegte und ihm eine solche Kriegs-Entschädigung von 20 Talenten Gold und 2300 Talenten Silber auferlegte, welches, das Talent Silber zu 2400 Gulden genommen, 5.520,000 Gulden beträgt.

Das geht an, aber die Römer verstanden es besser, denn die besiegten Karthager mussten ihnen, fünfzig Jahre lang, jährlich, wie Plinius berichtet, 800,000 Pfunde Silber bezahlen, das Talent zu 80 Pfund gerechnet: 24.000,000 Gulden jährlich. Als Kriegsbeute aber eroberte Cyrus in Asien 500,000 Talente Silber oder 1200.000,000 Gulden.

Wenn Plinius, wie ihm das bisweilen begegnen soll, sich nicht ein wenig geirrt hat, so darf man billig über die Grösse dieser Summen staunen.

Es scheint nicht, dass der Reichthum von Silber später, und kurz vor und nach Christus sich verringert habe, Diodorus, 30 Jahre vor Christus, spricht von den Schätzen der Bewohner von Saba in

Arabien, und von ihrem Ueberflusse an Silber, und ähnliche Nachrichten bringt Plinius von den Römern.

Vor dem dritten punischen Kriege, 150—146 vor Christus, befanden sich im Staatsschatze 22,070 Pfunde Silber und 6.135,400 Stücke Münzen, wohl silberne, und Cäsar nahm aus dem Staatsschatze 30,000 Barren Silber, und bevor er Dictator wurde, liess er die ganze Arena mit Silber ausschmücken, und die Verbrecher mussten mit silbernen Waffen gegen die wilden Thiere kämpfen.

Tadelnd spricht er sich über den, stets zunehmenden Aufwand bezüglich des Silbergeräthes aus.

Missfällig blickte man früher schon auf silbernes Küchengeräthe, jetzt aber verziert man die Kutschen damit und die Betten der Frauen.

Zur Zeit der Bürgerkriege des Sulla befanden sich 500 silberne Schüsseln, jede von 100 Pfunden in Rom, nun aber treibt man stärkeren Luxus. Ein Bediensteter des Kaisers Claudius, Drusillanus Rotundus genannt, hatte eine silberne Schüssel, welche 500 Pfunde wog. Man musste, um sie zu Stande zu bringen, eine eigene Werkstätte erbauen, und seine Collegen (comites ejus) besassen acht solcher silbernen Schüsseln, welche zusammen 850 Pfunde wogen.

Vielfach gedenkt ferner Plinius der Kunstwerke aus Silber und erwähnt des hohen Arbeitslohnes der für dieselben ausgegeben wurde.

C. Grachus hatte silberne Delphine, von welchen das Pfund mit 5000 Sesterzen (156 Thaler) gezahlt wurde, und der Redner Lucius Crassus besass zwei Becher, in halb erhabener Arbeit, gefertigt von dem Künstler Mentor, welche hundert grosse Sesterzen kosteten (3125 Thaler), und obgleich er gestand, dass er sich schäme, sie zu gebrauchen, so ist es dennoch sicher, dass er Gefässe kaufte, von welchen ihm das Pfund auf 6000 Sesterzen zu stehen kam.

Er sagt dann, dass dieser verderbliche Luxus zuerst von Asien nach Italien gekommen sei. So habe Lucius Scipio, im Jahre der Stadt 565, 1450 Pfunde Silbergeräthe, von getriebener Arbeit, in Trimpfe aufgeführt.

Ueberhaupt ist Plinius auf den mit Gold und Silber getriebenen Luxus nicht gut zu sprechen, was schon allein deutlich aus der Stelle hervor geht, bei welcher er, Buch 33 der historia naturalis, vom Golde auf das Silber übergeht, und sagt: „Ab his argenti metalla dicantur, quae sequens insania est.“

Aus den oben angegebenen Stellen, und aus verschiedenen andern Notizen in diesem Buche 33, geht indessen hervor, dass zu jenen Zeiten, und wohl auch schon früher, mit silbernen Geräthschaften ein Aufwand getrieben wurde, welchem in späteren Zeiten, in Europa wenigstens, kaum Aehnliches an die Seite zu stellen ist.

Mancherlei Notizen bringt Plinius ferner über die Eigenschaften des Silbers.

Das weiche ist das beste, und ebenso jenes, welches beim Glühen auf einer eisernen Platte weiss bleibt, geringer ist das, welches braun wird, jenes aber, welches sich schwarz färbt, taugt nichts. Auch den Probirstein (coticula) kannte man.

Es ist aber klar, dass man zu dieser Zeit gute, wenn wohl gleich nur empirische Kenntniss von den Eigenschaften des Silbers haben musste, da man so vielfache und kunstreiche Arbeiten von demselben zu fertigen verstand.

Ich übergehe die Silbererze, deren er eine grosse Menge anführt, und will dafür noch einige Worte über die vorzüglichsten Fundstücke des Silbers in jenen Zeiten sprechen.

Diodorus, von dem ich schon oben sagte, dass er des Silberreichthums von Saba erwähnt, sagt, dass in Gallien gar kein Silber gefunden werde, hingegen fänden sich in Iborion (Spanien, jetzt Carthagena) bedeutende Silbergruben.

Die Phönizier, welche zuerst die spanischen Küsten befuhren, trieben Tauschhandel mit den Eingeborenen, und erwarben so vieles Silber, dass ihre Schiffe es nicht fassen konnten, und sie selbst ihre Anker aus Silber fertigten.

Er berichtet ferner die Sage, dass durch Hirten ein Waldbrand entstanden sei, welcher die ganze bewaldete Gebirgsgegend in Asche gelegt habe, das hiebei geschmolzene Silber habe, auf der Oberfläche des Bodens, ganze Bäche gebildet, und die Pyrenäen hatten, in Folge dieses riesigen Brandes ihren Namen, von πῦρ, Feuer, und Hanibal und die Karthager führten unermessliche Mengen Silber von dort hinweg, und manche der dort angelegten Schmelzöfen lieferten alle drei Tage ein Euböisches Talent.

Als die Römer in Besitz des Landes kamen, betrieben sie den Bergbau auf Silber nicht minder eifrig, und die Gruben von Neukarthago, gegenwärtig Carthagena, sollen von 40,000 Menschen bearbeitet worden sein.

Die Römer, sagt Diodorus, legen jetzt dort viele neue Gruben an, und graben tief in die Erde. Das Wasser in den Gruben bewältigten sie durch die Wasserschraube des Archimedes, und stellen mehrere derselben übereinander, so dass sie das Wasser bis zum Mundloche (στόμιον) führen.

Auch Strabo, 50 Jahre nach Christus, spricht von den riesigen Silberwerken Neukarthagos, und sagt, dass der Silberreichthum in Spanien so gross gewesen sei, dass man sich silberner Krippen und Fässer bedient habe.

Es mag hier bemerkt werden, dass im Jahre 1571 die reichen Silbergruben Spaniens, und namentlich die von Guadacanal, noch einmal durch die Fugger abgebaut wurden, und dass diese hier eben so gute, und vielleicht noch bessere Geschäfte machten, als etwa 70 Jahre früher, zu Ende des 15. Jahrhunderts, wo Jakob Fugger die Bergwerke in Tirol gepachtet hatte. Jene, 1571 in Spanien wieder geöffneten Gruben blieben 36 Jahre im Betriebe, wenigstens im Besitze der Fugger und trugen in manchen Jahren mehr als 7 Millionen Thaler.

Von Silbergruben aus alten Zeiten möge noch jener von Laurion in Attika gedacht werden, welche, etwa 500 Jahre vor Christus in Flor standen und deren jährliche Ausbeute nicht selten eine Million Thaler betrug.

Es sollen in diesen Werken 20,000 Sklaven gearbeitet haben und Athen verdankt denselben einen grossen Theil seines Ansehens und seiner Macht.

Als später der grösste Theil dieser Gruben der alten Zeit ausgebaut waren, oder überhaupt in's Abwesen geriethen, öffneten sich sowohl in Europa, als auch in überseeischen Ländern neue Fundquellen des Silbers, welche jenen alten kaum nachstanden.

Wie es in den Urzeiten des Menschengeschlechts gewesen sein mag, so wurden auch jetzt reiche Silbergänge durch zu Tage stehendes gediegen Silber gefunden, und Hirten, Jäger und andere, viel im Freien streifende Leute waren da häufig die Entdecker solcher Schätze.

So lässt die Sage die reichen Silbergruben von Kuttenberg in Böhmen durch einen wandernden Mönch auffinden.

Er erblickte im Walde drei aus der Erde hervorstehende Silberruthen, und bedeckte sie, um sie wiederzufinden, mit seiner Kutte.

Bereits im 10. Jahrhundert war der Bergbau auf Silber in Böhmen schon im vollen Gange. Dann fand man die Gruben in Rammelsberg auf dem Harze, und im 12. Jahrhunderte dehnte sich der Bergbau auf Silber auf Tyrol, Sachsen (Freiberg), Ungarn, Norwegen (Kongsberg), England und Frankreich aus.

Neue scheinbar unerschöpfliche, und in der That bis jetzt auch noch nicht erschöpfte, Silberquellen eröffneten sich nach der Entdeckung von Amerika.

Obgleich ich, während meines Aufenthalts in Südamerika, zwar oft genug die dortigen reichen Kupfergruben befuhr, so hatte ich dennoch nicht Gelegenheit, eines der reicheren Silberwerke zu befahren, dafür aber sah ich in den Häusern Deutscher sowohl, als auch eingeborner Minenbesitzer in Chile und Peru, Erzproben, welche diesen aus den Werken zugesendet wurden, die mich in Erstaunen setzen.

Abgesehen von prachtvollen Exemplaren von Jod- und Bromsilber, von derbem Chlorsilber in faustgrossen Stücken und anderen seltenen Silbererzen, war es vorzugsweise gediegen Silber, was man eingeliefert hatte, und ich sah dort Stufen von haarförmig gediegen Silber, und solche von derbem Metall, welche ich nur mit Mühe heben konnte.

In den Illustrirten Deutschen Monatsheften hat, wie ich bereits oben erwähnte, von Kobell eine treffliche Abhandlung über das Silber geliefert, und ich entnehme derselben die folgenden Notizen, eben über besonders merkwürdige Funde von gediegen Silber und über die riesigen Ausbeuten einiger Werke Südamerikas.

In der Grube St. Georg bei Schneeberg in Sachsen wurde ein Silberblock von 400 Centnern gefunden, und, wenn ich nicht irre, so ist dies dieselbe Masse regulinischen Silbers, auf welcher, kurz nach ihrer Auffindung, der jenesmalige Churfürst von Sachsen in der Grube selbst, und die Stufe als Tisch benützend, einen Imbiss einnahm.

In Freiberg sind Massen gediegen Silber von ein bis zu drei Centnern gefunden worden, und erst im Jahre 1857 fand auf der Grube Himmelfürst, Revier Freiberg, ein Anbruch von gediegen Silber statt, welcher Platten und Klumpen von drei bis zwölf Pfund, und eine Platte von sechsig Pfunden lieferte.

Die ganze Gangspalte steckte voll Silber, und in sechs Wochen wurden daraus neunzehn Centner genommen, mehr aber stand noch in Aussicht, und es wurden auf jenen Gruben Klüfte gefunden, welche mehrere Ellen lang ganz mit haarförmig gediegen Silber angefüllt waren.

Im Jahre 1666 wurde zu Kongsberg in Norwegen eine Silbermasse von 560 Pfunden gefunden, 1834 eine dergleichen von sieben und einem halben Centner, und 1848 eine von vier Centnern.

Die 1545 entdeckten Gruben von Potosi in der bolivianischen Cordillera, lieferten im Jahre 1804 eine Ausbeute von 400,000 Pfunden Silber, und die Gruben von Mexico, deren man 3000 zählt, worunter ein neun Meilen langer, veta madre genannter Silbergang, haben in den ersten achtzehn Jahren unsers Jahrhunderts acht Millionen Mark Silber geliefert, und centnerschwere Stufen sind dort ebenfalls vorgekommen.

Die Reihenfolge der silberproducirenden Länder Europas stellt von Kobell folgendermassen zusammen.

Am reichsten: Oestereich (Böhmen), dann:
England,
Sachsen (Erzgebirge),
Preussen (im Harz),
Frankreich, Schweden, Norwegen (in letzterem Kongsberg).
Nassau.

Das asiatische Russland ist im Altai ebenfalls sehr silberreich, das südliche Amerika aber ist ergiebiger als alle genannten Länder zusammen. —

Nach Alexander von Humboldt lieferten die Minen Peru's und Mexico's in den letzten drei Jahrhunderten 316 Millionen Pfund reinen Silbers.

Eine Zusammenstellung der Silberproduction hat ferner Varrentrapp gegeben*).

Europa, mit Ausschluss Russlands, producirte von 1492 bis 1847 für 530 Millionen Thaler Silber,

Russland für	88	Millionen,
Amerika für	7307	Millionen.
Zusammen	7925	Millionen Thaler.

Für die Silberproduction des Jahres 1853 wird angegeben:

	Kilogramme.		Kilogramme.
Oesterreich	35875	Hannover u. Braunschweig	11788
Preussen	10500	Uebrige deutsche Staaten	3000
Sachsen	20000	Frankreich	1250

*) Handwörterbuch der reinen und angewandten Chemie. Begründet von J. v. Liebig, J. C. Poggendorff und F. Wöhler, und redigirt von H. v. Fehling und H. Kolbe. Band VII p. 931—1859.

	Kilogramme.		Kilogramme.
England	20000	Afrika	138
Russland	19765	Verein. Staaten Nordamerikas	375
Schweden	1500	Mexiko	745000
Norwegen	10500	Mittel-Amerika	8750
Spanien	55000	Columbien	2375
Portugal	300	Chile	137500
Piemont	800	Bolivien	77500
Uebriges Europa	525	Peru	162500
Asien	61750	Uebriges Amerika	865

Es beträgt mithin die Gesammtproduktion für das Jahr 1853 einen Werth von über 80 Millionen Thaler.

Ich schliesse jetzt diese Notizen über das Silber, nicht ganz ohne Furcht, dass Einige dieselben zu kurz und ungenügend, Andere dagegen sie wieder zu lang und zu weitläufig gefunden haben.

Indessen kommt man vielleicht auf das Richtige, wenn man das Mittel zieht zwischen beiden Missbilligungen.

Art und Weise der chemischen Untersuchung.

Die Körper, welche ich, wägbar, in den untersuchten Silberproben gefunden habe, waren:

Silber,	Nickel,
Kupfer,	Kobalt,
Blei,	Zinn,
Eisen,	Gold.

Stehen grosse Mengen des Materials zur Untersuchung zu Gebot, so unterliegt es keinem Zweifel, dass wohl auch noch andere Stoffe in sehr kleinen Quantitäten aufzufinden sind, welche aber wohl als vollständig unwesentlich zu betrachten sein werden, vorläufig mag aber hier schon ausgesprochen sein, dass als wesentlich für die Legirung selbst, in der bei weitem überwiegenden Anzahl von Fällen, nur das Kupfer in Betracht kommt, und selbst Blei wohl nur selten absichtlich zugesetzt wurde.

Selbstverständlich komme ich später auf dergleichen Ausnahmen zurück.

Die ganze im Gegenwärtigen bekannt gegebene, von mir durchgeführte Arbeit über die Silberlegirungen zerfällt aber eigentlich in zwei Theile, von denen der eine die Bestandtheile der Legirungen behandelt, die absichtlichen oder zufälligen Zusätze von fremden Metallen, der andere aber die Zersetzungen in Betracht zieht, welche alte Silberfunde, wohl meist beim Liegen unter der Erde, erlitten haben.

Für diese zweite Reihe musste daher die chemische Behandlung einige Abänderungen erfahren, in Bezug auf den Weg, welcher bei Untersuchung nicht zersetzter Legirungen eingeschlagen wurde.

Ich habe diese letzteren folgendermassen behandelt.

I.

Eine gewogene Menge der Legirung wurde mit Salpetersäure behandelt und die Lösung bei gelinder Wärme etwa zur Hälfte eingedampft, hierauf wieder etwas Salpetersäure versetzt, und filtrirt.

Der in Salpetersäure unlösliche Rückstand kann möglicherweise enthalten Gold, Platin, Zinn, Arsen, Antimon.

Nach hinlänglicher Behandlung mit Salpetersäure wurde der Rückstand mit Wasser gewaschen, und hierauf mit Ammoniak behandelt. Wird dem ammoniakalischen Auszuge nun Salzsäure zugesetzt und hierauf Schwefelwasserstoff, so deutet gelbe Färbung auf Arsen.

Der Rückstand, unlöslich in Ammoniak, wieder mit Wasser gewaschen, wurde einige Stunden lang mit Kleesäure behandelt, und der Auszug mit Schwefelwasserstoff, wobei eine gelbbraune Färbung Antimon anzeigt, und die Probe mit Zink = Platin ob Antimon allein, oder ob vielleicht Spuren von Blei zugegen.

Der Rückstand kann nun noch Gold, Platin und Zink enthalten. Er wurde schwach geglüht, und, wenn wägbar, gewogen, und mit Salpetersalzsäure behandelt, wodurch das Gold leicht gelöst wird, Zinnoxyd indessen zurückbleibt.

Es mag vorläufig hiebei bemerkt werden, dass ich Arsen nie, oder nur mit so zweifelhafter Reaction gefunden habe, dass ich es bei Angabe der Resultate nicht weiter berücksichtigte.

Antimon, deutlich erkennbar, wurde nur höchst selten gefunden, Zinn hier und da, dagegen Platin niemals, Gold aber stets, oder doch nur in höchst seltenen Fällen nicht.

Es sind aber dem in Salpetersäure löslichen Rückstand nicht selten auch noch andere Stoffe beigemengt.

So häufig Chlorsilber, und selbst in Proben, bei welchen die Oberfläche vollständig rein und blank, so zum Beispiele bei verschiedenen römischen Münzen.

Ich dachte bei diesem Vorkommen von Chlorsilber, als solchem, in der Legirung, anfänglich an eine Reduction des zum Ausmünzen bestimmten Silbers aus Chlorsilber, wobei die Möglichkeit geringer, zurückgebliebener Mengen der Chlorverbindung nicht ausgeschlossen ist. Später verwarf ich aber diese Annahme und bin jetzt der Ueberzeugung, dass das Chlorsilber auch in äusserlich blanken Stücken, dennoch durch Zerzetzung in das Metall gekommen ist, wohl, bei älteren Gegenständen meist durch frühes Liegen derselben in der Erde, und wahrscheinlich befand sich anfänglich an der Oberfläche derselben eine stärkere sichtbare Schicht von Chlorsilber, welche später durch Scheuern entfernt wurde.

Leicht erkennbar ist aber diese Beimengung, schon bei der ersten Behandlung der Probe mit Salpetersäure, wobei sie zuerst mit weisser Farbe zurückbleibt, und ferner bei Behandlung des Rückstandes mit Ammoniak.

Eine zweite Verunreinigung, sit venia verbo, dieses Rückstandes ist bisweilen Eisenoxyd.

Häufiger trifft sich das, wenn die etwas eisenhaltige Lösung vollständig zur Trockene, oder bis zu starker Syrupsconsistenz abgedampft wurde, es findet sich aber bisweilen auch Eisenoxyd, als unlöslich in concentrirter Salpetersäure, in nur zur Hälfte eingeengter Säure. Jeannel*) giebt einem geringen Schwefelsäuregehalt des Oxydes, die Schuld der Unlöslichkeit, es gelang mir indessen nie, eine Spur von Schwefelsäure in solchem Oxyde nachzuweisen.

Attfield (a. a. O.) dagegen findet den Grund dieser Eigenschaft des Eisenoxydes nicht in Anwesenheit von Schwefelsäure, sondern in einer Aenderung der Zusammensetzung, durch Austritt der Elemente des Wassers, und hat eine Anzahl von Formeln zum Beweise für seine Ansicht aufgestellt.

Ich kann dieser letzteren weder bestimmt widersprechen, noch sie als sicher annehmen, für dieselbe scheint indessen zu sprechen, dass vollständig aus salpetersaurer Lösung abgedampftes Eisenoxyd ziemlich häufig diese Eigenschaft der Schwer- oder Unlöslichkeit zeigt. —

Wird dieses in Salpetersäure unlösliche Eisenoxyd, dessen Farbe oft so dunkel ist, dass es jener des gleichzeitig restirenden Goldes fast nahe kommt, mit Salpetersalzsäure behandelt, so darf man sich durch die dunkle Färbung der Flüssigkeit nicht bestimmen lassen, auf einen allzugrossen Gehalt an Gold zu schliessen.

Ich habe in solchen Fällen die etwas verdünnte Lösung, kalt mit Schwefelwasserstoff behandelt, das gefällte Schwefelgold rasch filtrirt, und in einem kleinen Porzellantiegel geglüht und gewogen.

Stehen nicht allzugeringe Mengen des Materials zu Gebot, so lässt sich fast stets auf solche Weise das Gold gewichtlich bestimmen, bei sehr kleinen Quantitäten aber ist die Methode des Nachweises von Braun**) mittelst überschüssigem Schwefelammonium und Zink vortrefflich.

Zu diesen Notizen über den Goldgehalt der Silberlegirungen bemerke ich noch, dass ich in verschiedenen, wenngleich nicht zahlreichen Fällen, das Gold, mit Zinn verbunden, als Goldpurpur gefunden habe.

Die Lösung des in Salpetersäure unlöslichen Rückstandes in Ammoniak ist dann purpurroth, wird mit Salzsäure behandelt, so erhalt man, war Chlorsilber anwesend, eine rothe Fällung, welche zum grössten Theile aus roth gefärbtem Chlorsilber besteht. Aber auch ohne Behandlung mit Salzsäure fällt nach einiger Zeit ein rother Niederschlag aus der Ammoniak-Lösung, welcher, mit Salpetersalzsäure behandelt, sich rasch entfärbt, und langsam Zinnoxyd fallen lässt, während in der Lösung das Gold sich leicht nachweisen lässt.

Ich habe bei einer Münze des Valerianus diese Reaktion deutlich zu beobachten Gelegenheit gehabt.

II.

Die vom unlöslichen, und soeben besprochenen Rückstande, abfiltrirte Lösung muss von den oben genannten, in den Silberlegirungen auf-

---

*) Jahresbericht über die Fortschritte der Chemie etc. v. A. Strecker. Jahrgang 1868 p. 285.

**) Zeitschrift f. analyt. Chemie v. Fresenius VII. p. 339.

gefundenen Metallen das Silber, welches sich nicht etwa als Chlorsilber im Rückstande befand, enthalten, das Kupfer, ferner Blei, Eisen, Kobalt und Nickel

Ich habe die Flüssigkeit mit Ammoniak behandelt, wodurch Blei und Eisen gefällt werden mussten, die übrigen Metalle aber in Lösung gingen Bei den nicht selten sehr geringen zu Gebote stehenden Mengen des Materials war kaum ein anderer Weg einzuschlagen.

Den gut gewaschenen Niederschlag habe ich hierauf in möglichst wenig Salpetersäure gelöst, mit Schwefelwasserstoff das Blei ausgefällt, wieder in Salpetersäure gelöst, und vermittelst Schwefelsäure und Einengen der Flüssigkeit das Blei als schwefelsaures Salz erhalten, und auf Blei berechnet.

Das Eisen wurde aus dem Filtrate, durch Ammoniakzusatz, als Schwefeleisen gefällt, und, erlaubte es seine Quantität, in Salpetersäure gelöst und mittelst Ammoniak als Oxyd gefällt und bestimmt.

Bei sehr geringen Mengen von Material leistet, wie ich bereits früher bei meiner Untersuchung von Kupferlegirungen fand, die Probe von Jeannel vortreffliche Dienste und es lässt sich Blei auf diese Weise erkennen, wenn auf dem mit Salpetersäure, und hierauf mit Wasser behandelten Filter vorher auch kaum die Spur irgend eines Niederschlags wahrzunehmen war

Hat man hierauf die Hälfte des befeuchteten Filters mittelst Jodkalium auf Blei geprüft, so ergibt sich mit Leichtigkeit auf der andern auch die geringste Spur von Eisen mittelst Kaliumeisencyanür.

III.

Die von Blei und Eisen abfiltrirte Flüssigkeit wurde mit Salzsaure, in möglichst geringem Ueberschusse versetzt, erwärmt, bis sich alles Chlorsilber als compakter Niederschlag zu Boden gesetzt hatte, und später nach dem vollstandigen Erkalten filtrirt, im tarirten Porzellantiegel bis zum beginnenden Schmelzen erhitzt und hierauf gewichtlich bestimmt.

Die vorkommenden Verluste habe ich aber bei Angabe der Resultate zum Silber gerechnet, da das Chlorsilber bekanntlich in überschüssiger Salzsäure nicht vollständig unlöslich und diese Löslichkeit bei Fällung aus einer ammoniakalischen Lösung, unter Umständen noch vermehrt werden kann.

Durch die saure, von Chlorsilber abfiltrirte Flüssigkeit, wurde jetzt ein mässig starker Strom von Schwefelwasserstoff geleitet, hierdurch das Kupfer ausgefällt und nachdem dies vollständig geschehen war, das Schwefelkupfer abfiltrirt, in Salpetersäure gelöst und kochend mit Kali gefällt, filtrirt, geglüht, gewogen und auf Kupfer berechnet.

Dass, unter Umständen (!), bei der Fällung der Kupferlösung mit Kali ein Theil des Kupfers ungefällt bleibt, oder durch überschüssiges Kali wieder gelöst wird, ist bekannt, aber dieser Fall tritt nicht ein, wenn man die Kalilösung in der Kälte der saueren, kupferhaltigen Flüssigkeit zusetzt und hierauf erst zum Kochen erhitzt.

Stets aber habe ich vollständige Fällung erhalten, wenn ich der schon kochenden Kupferlösung das Kali unter stetem Umrühren und in kleineren Mengen zusetzte. Der Niederschlag von Kupferoxyd fällt sofort schwarz, senkt sich rasch, die vollständige Entfärbung der obenstehenden Flüssigkeit zeigt die vollendete Fällung an, und auch das Anhaften eines Theiles des Kupferoxydes an der Porcellanschale tritt nur selten auf.

Die oben von Schwefelkupfer abfiltrirte Flüssigkeit wird jetzt mit Ammoniak behandelt, und, ist nicht mehr die hinreichende Menge von Schwefelwasserstoff vorhanden, ein frischer Strom des Gases durch die Flüssigkeit geleitet.

Kobalt und Nickel, wenn anwesend, werden hierdurch gefällt, wieder in Salpetersäure gelöst, mit Kali gefällt, geglüht und erlaubt es ihre Menge, gewogen, indessen habe ich mich, der stets geringen Menge des so erhaltenen Niederschlages wegen, damit begnügen müssen, nur durch das Löthrohr die Probe auf Nickel oder Kobalt zu machen.

Ich übergehe die zahlreichen, aber erfolglosen Versuche, andere Stoffe in den Silberlegirungen aufzufinden, als die im Obigen besprochenen, und lasse jetzt die Resultate der Untersuchungen folgen. Ich begann dabei mit den Münzen, da dieselben, wenigstens die mir zu Gebote stehenden, am wenigsten durch Zersetzung verändert waren. Die Tabelle I, welche die römischen Münzen von Antoninus (Triumvir) bis Gallienus enthält, gibt die von mir gemachten Analysen. Tabelle II, 196 Nummern, und von den ältesten Denaren bis Thejas reihend, sind die von A. v. Rauch*) veröffentlichten Werthbestimmungen römischer Münzen, angestellt vom k. Münzwardein-Assistenten Neubauer in Berlin. Tabelle III endlich, die Griechischen Städtemünzen, die Persischen, Macedonischen und die sogenannten Münzen der Barbaren, sind wieder von mir untersucht. Desgleichen Tabelle IV, Verschiedene Münzen nachchristlicher Zeit.

*) Mittheilungen der numismatischen Gesellschaft in Berlin. Heft III p. 282. 1857.

Römische Münzen.

Tabelle I.

Fortlaufende Nummer	Zeit der Prägung	Gewicht und Bemerkungen	Silber	Kupfer	Blei	Eisen	Nickel	Zinn	Gold
I	Antonius (Triumvir). 43—31 vor Christ.	3.360 Grm. Chlorsilber: Spur.	92.49	7.12	0.25	Spur	—	0.04	0.10
II	Augustus (Imperator). 30 v. bis 14 n. Chr.	1.270 Grm. Chlorsilber: Spur.	92.78	1.83	Spur	3.20	—	Spur	2.14
III	Vespasianus. 69—79 nach Christus.	2.68 Grm. Als Chlorsilber anwesend Silber: 1.010.	79.82	19.75	0.08	Spur	—	Spur	0.35
IV	Derselbe.	3.140 Grm. Kein Chlorsilber.	80.08	18.55	0.44	0.40	Spur	0.20	0.33
V	Trajanus. 98—117 n. Chr.	3.050 Grm. Kein Chlorsilber.	78.54	20.67	—	0.42	—	—	0.37
VI	Derselbe.	3.100 Grm. Kein Chlorsilber.	79.16	19 31	1.33	0.07	—	Spur	0.31
VII	Hadrianus. 117—138 n. Chr.	3.350 Grm. Als Chlorsilber Silber: 0.820.	80 87	18.30	0.72	Spur	Spur	—	0.11
VIII	Derselbe.	2.720 Grm. Als Chlorsilber Silber: 0.430.	91.47	7.30	0.80	0.11	—	0.10	0.22
IX	Antoninus Pius. 138—161 n. Chr.	3.250 Grm. Kein Chlorsilber.	76.73	20.87	2.17	0.12	—		0.11
X	Derselbe.	2.640 Grm. Als Chlorsilber Silber: 0.420.	93.28	6.35	Spur	0.20	Spur	—	0.17
XI	Septimus Severus. 193—211 n. Chr.	2.450 Grm. Kein Chlorsilber.	54.92	43.80	0.75	0.11	0.07	0.20	0.15
XII	Derselbe.	2.750 Grm. Kein Chlorsilber.	56.76	40.63	0.75	0.23	Spur	—	1.81
XIII	Derselbe, falsche Münze.	2.000 Grm. Als Chlorsilber Silber: 0.75.	22.66	76.63	Spur	Spur	—	0.71	Spur
XIV	Aus d. Zeit d. Septimus Severus und d. Julia Domna, falsche Münze.	2.370 Grm. Kein Chlorsilber.	10.65	88.31	0.38	0.11	Spur	0.55	—
XV	Antoninus Eleogabalus. 218—222 n. Chr.	2.600 Grm. Chlorsilber: Spur.	43.97	55.26	0.31	Spur	0.15	0.21	0.10
XVI	Derselbe.	2.700 Grm. Kein Chlorsilber.	43.41	54.69	Spur	0.97	0.21	—	0.72
XVII	Alexander Severus. 222—235 n. Chr.	2.720 Grm. Kein Chlorsilber.	40.66	58.70	0.13	0.24	—	0.10	0.17
XVIII	Derselbe.	2.220 Grm. Als Chlorsilber Silber: 0.90.	33.77	65.64	0.17	0.22	—	—	0.20
XIX	Gordianus Pius. 238—244 n. Chr.	3.330 Grm. Kein Chlorsilber.	58.90	40.65	0.22	Spur	—	0.10	0.13
XX	Philippus Arabs. 244—249 n. Chr.	4.000 Grm. Als Chlorsilber Silber: 1.780.	39.76	58.86	0.83	0.14	0.11	—	0.30
XXI	Derselbe.	4.120 Grm. Kein Chlorsilber.	47.52	50 31	0.83	0.55	Spur	0.42	0.37
XXII	Valerianus. 253—260 n. Chr.	2.700 Grm. Chlorsilber: Spur.	21.43	75.86	0.46	0.30	0.31	0.11	1.53
XXIII	Gallienus. 260—268 n. Chr.	3.550 Grm. Als Chlorsilber Silber: 0.820.	17.11	80.94	0.68	0.73	0.11	0.25	0.18

Metrologische Tabelle von A. v. Rauch. Tabelle II a.

Nr.	Wer geprägt	Gewicht Taus. — ½ Grm.	Silbergehalt	Nr.	Wer geprägt	Gewicht Taus. — ½ Grm.	Silbergehalt
1	Aelteste Denare . .	13.0	990	51	Faustina sen. . . .	6.4	813
2	— —	13.5	990	52	Marcus Aurelius . .	6.64	745
3	— —	11 9	990	53	— —	6.54	745
4	— —	6.5	990	54	— —	6.64	745
5	Consular Münzen .	8 15	986	55	— —	6.49	745
6	— —	7.14	986	56	— —	6.79	745
7	— —	7.5	958	57	— —	5.81	745
8	— —	8.0	958	58	— —	5.96	745
9	— —	7.7	972	59a	— —	6.2	745
10	— —	7.85	972	59b	— —	5.48	745
11	Julius Caesar . . .	7.82	986	60	Faustina jun. . . .	6.4	705
12	— —	7.8	970	61	— —	6.56	721
13	— —	8.14	970	62	—	5.91	721
14	Marcus Antonius. .	7.54	838	63	Commodus	5 94	710
15	— —	6.67	838	64	— —	6.58	710
16	— —	6.72	838	65	— —	5.71	720
17	Augustus	7.46	991	66	— —	7.12	720
18	— —	7.64	990	67	— —	5.43	710
19	— —	7.75	990	68	— —	5.58	720
20	— —	7.65	990	69	— —	4.95	710
21	Tiberius	7.68	990	70	— —	5.61	720
22	— —	7.53	990	71	— —	5.61	720
23	— —	7.56	990	72	Pertinax	6 4	900
24	Nero	6.00	943	73	— —	6.36	620
25	— —	6.01	943	74	Julianus	5.72	810
26	Galba	6.26	921	75	Septimus Severus .	6.75	755
27	— —	5.66	921	76	— —	7.4	731
28	— —	6.32	921	77	— —	7.25	755
29	Vespasianus . . .	7.73	886	78	— —	4.17	431
30	—	6.66	878	79	— —	5.78	557
31	Domitianus	6.52	914	80	— —	6 08	557
32	— —	5.95	914	81	— —	7.64	557
33	— —	6.66	914	82	— —	5.93	487
34	— —	6.81	914	83	Julia Domna . . .	7.05	455
35	— —	6 93	914	84	Caracalla	9.87	520
36	Trajanus	6.32	838	85	— —	9.46	623
37	—	5.7	862	86	— —	10.23	623
38	— —	6 39	852	87	— —	7.21	623
39	— —	5.96	884	88	— —	6.4	623
40	Hadrianus.	6.25	867	89	— —	5.88	623
41	— —	6.39	867	90	— —	4.07	540
42	— —	6.92	824	91	E agabal	10.0	428
43	— —	6.48	824	92	—	8.98	428
44	— —	6.25	867	93	— —	9.1	428
45	Antonius Pius . . .	6.35	783	94	— —	5.32	750
46	— —	7.2	813	95	— —	7.35	428
47	— —	6.33	748	96	— —	7.68	428
48	— —	5 55	800	97	Severus Alexander.	6.25	500
49	Faustina sen. . . .	6.37	858	98	—	5.88	500
50	— —	6.14	796	99	— —	5.67	500

Metrologische Tabelle von A. v. Rauch. Tabelle IIb.

Nr.	Wer geprägt	Gewicht Taus = 1/2 Grm	Silbergehalt
100	Severus Alexander.	5.1	476
101	— —	5.1	350
102	— —	6.4	358
103	— —	5.07	476
104	— —	6.4	500
105	— —	5.1	450
106	Maximinus	6.15	455
107	— —	5.6	455
108	Gordianus Pius . .	9.6	490
109	— —	7.14	490
110	— —	9.46	490
111	—	9 8	490
112	— —	6.12	440
113	— —	7.54	361
114	— —	7.52	361
115	— —	8.27	361
116	— —	6.53	361
117	— —	6.28	361
118	— —	6.24	490
119	— —	6.12	440
120	Papienus	7.5	490
121	Philippus I.	7.6	450
122	— —	6.6	430
123	— —	7.57	500
124	— —	7 15	500
125	— —	7.14	500
126	— —	8.24	320
127	Philippus II. . . .	8.48	440
128	— —	8.48	56
129	— —	8.94	350
130	Decius	7.5	440
131	— —	8.18	406
132	— —	6.58	406
133	— —	6.62	750
134	Gallus	7.32	440
135	— —	6.88	370
136	— —	8.38	300
137	— —	6.33	297
138	Aemilianus	6 1	370
139	Volusianus	6.96	380
140	— —	5.64	724
141	— —	5.70	806
142	— —	4.4	806
143	Valerian sen. . . .	7.56	400
144	— —	7.31	400
145	— —	7.30	143
146	Gallienus	6.48	720
147	— —	6.68	346
148	— —	7.12	500
149	Gallienus	7.1	470
150	— —	6.35	180
151	— —	7.6	118
152	— —	6.48	56
153	— —	6.40	56
154	Salon. Valerianus .	6.02	400
155	— —	6.02	475
156	Postumus	7.05	203
157	— —	7.13	203
158	— —	9.20	203
159	— —	5.02	203
160	Claudius Gothicus .	6.85	21
161	— —	5.19	21
162	Aurelianus	6.6	52
163	— —	7.2	52
164	— —	8.3	52
165	Probus	8.82	52
166	— —	8.8	52
167	— —	6.94	52
168	— —	8.22	52
169	Carinus	7.26	50
170	— —	8.22	50
171	Diocletian	7.07	45
172	— —	6.85	45
173	Maxim. Herc. . . .	6.93	20
174	Diocletian	5.0	943
175	Maxim. Herc. . . .	5.24	900
176	— —	6.91	943
177	Licinius sen. . . .	5.7	300
178	Constantin d. G.. .	5.8	980
179	Constantius	6.38	980
180	— —	6.1	970
181	Constans.	6.02	940
182	Magnentius	5.96	880
183	Magn. Maximus . .	3.92	990
184	Valentinian I. . . .	3.58	990
185	Valens	3.96	990
186	Constantin Tyrannus	3.06	990
187	Julian II.	3.36	940
188	Jovinus	1.82	750
189	Jul. Nepos	1.96	940
190	Arcadius	2.62	990
191	Honorius	2.6	980
192	Justinianus	2.0	980
193	Athalarich	2.76	980
194	— —	1.38	980
195	Wittiges	2.78	990
196	Thejas	1.22	980

Griechische Münzen.

Tabelle III a.

Fortlaufende Nummer	Woher	Gewicht und Bemerkungen	Silber	Kupfer	Blei	Eisen	Nickel	Zinn	Gold
I	Athen (Pallaskopf — Eule)	0.650 Grm. Kein Chlorsilber	97.85	—	2.10	Spur	—	Spur	0.05
II	Desgleichen (Pallaskopf — ?)	0.700 Grm. Kein Chlorsilber	98.00	0.72	1.03	Spur	—	—	0.25
III	Lucania, Heraclea (Hercules den Löwen tödtend)	1.000 Grm. Kein Chlorsilber	94.14	5.58	0.10	Spur	—	—	0.18
IV	Neapolis (Stier — ?)	6.800 Grm. Chlorsilber, Spur	91 63	7.13	0.88	Spur	—	—	0.36
V	Desgleichen	6.750 Grm. Kein Chlorsilber	93.02	5.77	1.09	Spur	—	—	0.12
VI	Desgleichen	6.730 Grm. Kein Chlorsilber	92.55	6.02	1.22	Spur	—	—	0.20
VII	Calabria Tarentum (Muschel — Delphin)	0.490 Grm. Als Chlorsilber Silber: 2.700	88.45	10.19	0.51	0 22	—	—	0.63
VIII	Achaja (Weiblicher Kopf)	3.400 Grm. Als Chlorsilber Silber: 1.080	94.38	5.16	0.13	0.08	—	Spur	0.25
IX	Lucania Thuricum (Pallas — Stier)	0 950 Grm. Chlorsilber, Spur	91.09	7.15	Spur	1.60	—	—	0.16
X	Desgleichen	0.980 Grm. Kein Chlorsilber	92.00	7.03	0.73	0.11	—	—	0.13
XI	Rhodus (Kopf Rose)	1.020 Grm. Kein Chlorsilber	73.96	23.94	1.85	Spur	—	—	0.25
XII	Obolus, selten (Schildkröte)	1.100 Grm. Als Chlorsilber Silber: 78.01 (!)	99.48	0.31	Spur	0.21	—	—	Spur
XIII	Semiobolus (Pallaskopf Eule)	0.350 Grm. Als Chlorsilber Silber: 3.12	97.93	Spur	2.07	—	—	—	Spur
XIV	Desgleichen	0.400 Grm. Als Chlorsilber Silber: 4.02	97.55	0.20	2 13	Spur	—	—	0.12
XV	Desgleichen	0.390 Grm. Als Chlorsilber Silber: 0.77	98.02	Spur	1.98	—	—	—	Spur
XVI	Tarent Calabria. Plattirte Münze *)	4.94 Grm. Chlorsilber, Spur	98.39	1.18	0.17	0.03	—	Spur	0.23

*) Die Münze war mit einem verhältnissmässig ziemlich starken Silberüberzuge bedeckt, der sich theilweise ablösen liess und für sich untersucht wurde. In der vorstehenden Reihe sind die Resultate angegeben. Eine dünne Lage des Kupfers unter der Silberplatte war in Oxydul verwandelt, vielleicht glühend aufgepresst. Die Totalmenge des Silberüberzuges ergab für 100.0: Silber 20.70. Das Kupfer betrug 79.30.

Persische Münzen.

Tabelle III b.

Fortlaufende Nummer	Woher	Gewicht und Bemerkungen		Silber	Kupfer	Blei	Eisen	Nickel	Zinn	Gold
XVII	Persischer König aus der Epoche d. Cyrus 560 v. Chr. bis auf den letzten Darius 330 v. Chr. — (Bogenschütze)	5 600 Grm.	Chlorsilber, Spur	88.40	10.53	0.68	Spur	0.04	—	0.35
XVIII	Desgleichen, Fragment	— —	Kein Chlorsilber	90.10	8.44	1.07	0.11	—	—	0.28
XIX	Sapor (Shapur II.), persischer König 309—380 nach Christus	1.750 Grm.	Kein Chlorsilber	92.05	6.84	0.17	0 37	Spur	—	0.57
	Macedonische Münzen.									
XX	Alexander der Grosse 336—324 vor Chr.	4.150 Grm.	Als Chlorsilber Silber: 2.430	99.10	—	0.85	0.05	—	—	Spur
XXI	Derselbe	4.080 Grm.	Als Chlorsilber Silber: 1.220	98.85	0.24	0.86	Spur	—		0.05
XXII	Derselbe	3.840 Grm.	Kein Chlorsilber	96.80	Spur	2 87	0.12	—	—	0.21
XXIII	Derselbe	4 100 Grm.	Kein Chlorsilber	95.90	0.58	3.05	0.27	—	—	0.20
XXIV	Derselbe	4.120 Grm.	Kein Chlorsilber	95.55	0.41	3.68	0.19	—	—	0.17
	Münzen der Barbaren (Grossentheils Nachahmungen macedonischer Münzen, meist Philippus).									
XXV	Massilia. Gallia (Weiblicher Kopf—Löwe)	2.760 Grm.	Als Chlorsilber Silber: 0.930	88.99	8.86	1.78	Spur	—	Spur	0.37
XXVI	Desgleichen	2.900 Grm	Chlorsilber, Spur	90.00	8.72	0 98	Spur	—	—	0.30
XXVII	Lugdunum. Gallia (Kopf — Stier)	1.530 Grm.	Kein Chlorsilber	95.85	3.65	0.38	Spur	—	—	0.12
XXVIII	Helmantuca. Hispania	3.550 Grm.		92.89	6.74	0.27	0.10		—	Spur

Verschiedene Münzen nachchristlicher Zeit.

Tabelle IV a.

Fortlauf. Nummer	Woher	Gewicht.	Bemerkungen	Silber	Kupfer	Blei	Eisen	Gold
	Deutschland. — Ungarn, oder für Ungarn geprägt.							
1	Haller 1200 — 1300 bis 1400. Hand — Gabelkreuz. Das Städtezeichen nicht zu unterscheiden.	0.400 Grm.	Spur Nickel, kein Chlorsilber	45.29	52.53	1.88	0.20	0.10
2	Desgleichen.	0.450 Grm.	Spur Nickel, kein Chlorsilber	45.68	53.99	0.28	Spur	0.05
3	Desgleichen.	0.420 Grm.	Kein Chlorsilber	46.02	52.86	0.81	0.11	0.20
4	Wunrich von Kniprode. Grossmeister des deutschen Ordens in Preussen 1351—1382.	1.530 Grm.	Spur Chlorsilber	77.87	20.86	1.03	Spur	0.24
5	Halber Solidus. Nürnberg 1450—1500.	1.360 Grm.	Kein Chlorsilber	45.62	52.62	1.36	Spur	0.20
6	Ferdinand III. 1637—1658.	0.400 Grm.	Spur Chlorsilber	36.15	63.75	Spur	Spur	0.10
7	Antonius comes de Montfort. Kopf mit Namen. Wappen: Fortiter et constanter 1692.	5.450 Grm.	Spur Chlorsilber	59.35	39.62	0.81	0.10	0.12
8	Sechskreuzer Stück, bairisch 1807.	2.470 Grm.	Spur Chlorsilber	35.32	63.66	0.45	0.10	0.47
9	Sechskreuzer Stück, Grossherzogthum Hessen 1827	2.300 Grm.	Spur Chlorsilber	38 59	58.99	2.42	Spur	Spur
10	Ungarn. Sigismund 1411—1437 Obolus	0.225 Grm.	Kein Chlorsilber	23.02	76.82	0.10	Spur	0.07
11	Desgleichen.	0.197 Grm.	Kein Chlorsilber	20.18	79.81	Spur	Spur	Spur
12	Wladislaus, König v. Böhmen 1571—1516	2.520 Grm.	Spur Chlorsilber	47.79	51.63	0.41	Spur	0.17
13	Ludwig II. Kleine Silbermünze von 1522	0.350 Grm.	Kein Chlorsilber	27.33	72.67	Spur	Spur	Spur
14	Rudolph II. 1576—1612, Groschen	0.370 Grm.	Kein Chlorsilber	52.33	47.46	0.10	0.11	Spur

15	Desgleichen	0.250 Grm.	Kein Chlorsilber	51.80	47.85	0.18	0.07	0.10
16	Maria Theresia. Zehner. Brustbild: Maria Ther. D. gr. imp. gen. pu. 60. reg. 1764. Adler mit ungarischem Wappen.	3.650 Grm.	Spur Chlorsilber	51.60	46.80	0.73	Spur	0.87
17	Desgleichen von 1768	3.750 Grm.	Kein Chlorsilber	50.48	48.32	0 50	Spur	0.70
18	Fürstbischofthum Würzburg. Philipp Adolph v. Ehrenberg 1623—1631. Körtling. Doppelschild mit Würzburger Wappen, unter diesen: Ehrenbergs Wappen 1625 — Reichsapfel 84.	0.570 Grm.	Kein Chlorsilber	42.00	57.51	0.27	Spur	0.13
19	Schönborn I. Karl Friedrich 1642—1673. St. Kilianus. Wappen von Würzburg und Schönborn 1644.	1.000 Grm.	Kein Chlorsilber	41.3[illegible]	58.27	0.22	0.05	0.12
20	Johann Hartmann v. Rosenbach 1673—1675. Groschen. St. Kilianus 1674. Wappen v. Würzburg und Rosenbach.	0.980 Grm.	Kein Chlorsilber	45.80	53.58	0.43	0.08	0.11
21	Peter Philipp v. Dernbach 1675—1683 Batzen. — Reichsapfel 24 - 1683. Doppelwappen: Rechts Würzburg, links Bamberg, unter diesen: Dernbach.	1 320 Grm.	Kein Chlorsilber	44.70	54.80	0.31	Spur	0.10
22	Schönborn II. Johann Philipp 1719—1724. — Groschen. St. Kilianus. Wappen v. Würzburg und Schönborn 1720.	1.030 Grm.	Kein Chlorsilber	44.70	54 92	0.23	Spur	0.15
23	Anselm Franz v. Ingelheim 1746—1749. Fränkisches Sechskreuzerstück. Wappen v. Würzburg und Ingelheim. V. Maria mit d. Kinde. 1748. Suscipe et protege.	1 880 Grm.	Kein Chlorsilber	44.03	54.90	Sp[illegible]r	0.87	0'20
24	Karl Philipp v. Greiffenklau 1749—1754. Groschen. Wappen v. Würzburg und Greiffenklau. St. Kilianus 1751.	1.000 Grm.	Spur Chlorsilber	50.07	49.49	0.20	0.07	0.17

Verschiedene Münzen nachchristlicher Zeit.

Tabelle IV b.

Fortlauf. Nummer	Woher	Gewicht.	Bemerkungen	Silber	Kupfer	Blei	Eisen	Gold
25	Adam Friedrich v. Seinsheim 1755—1779. Fränkisches Sechskreuzerstück . . . . Getheiltes Wappen: Würzburg und Bamberg. Mittelschild Seinsheim, 300 eine feine Mark. 1763. — Maria mit Kind. suscipe et protege.	1.970 Grm.	Kein Chlorsilber	48.83	50.87	0.10	0.07	0.13
26	Franz Ludwig v. Erthal 1779—1795. Fränkisches Sechskreuzer Stück. Getheiltes Wappen: Würzbnrg und Bamberg. Mittelschild: Erthal — Maria mit d. Kinde. 1782.	1.950 Grm.	Kein Chlorsilber	49.33	50.12	0.25	0.10	0.20
	Schweiz — Frankreich — Spanien.							
27	Bern. Batzen. . . . . Wappen mit dem Bären. Moneta reipublicae bernenis. — Kreuz, deus profidebit 1764.	2.160 Grm.	Kein Chlorsilber	76.77	22.17	0.73	0.20	0.13
28	Basel. Batzen. 1809	4.410 Grm.	Kein Chlorsilber	66.03	33.35	0.44	0.08	0.10
29	Clarus. 15 Schilling-Stück 1808. Stark abgenützt	3.605 Grm.	Spur Chlorsilber	67.01	32.58	0.32	Spur	0.09
30	Frankreich. Ludwig der Fromme 814—840. Fragment, stark abgenützt, mit grüner Patina bedeckt	1.130 Grm.	1.73 Chlorsilber	64.23	28.25	1.10	0.10	5.30 !
31	Desgleichen. Ganze aber stark abgenützte Münze Sie wurde als falsch bezeichnet, ist es aber ohne Zweifel nicht, sowie auch Nr. 30.	1.445 Grm.	Spur Chlorsilber	74.37	22.17	1.38	Spur	2.08 !

32	**Spanien.** Philippus II. 1584? Brustbild — Wappen, stark abgenützt	2.340 Grm.	Spur Chlorsilber	83.37	15.35	1.03	—	0.25
33	**Isabella.** Kopf mit Lorbeerkranz: Isabel 2 A por la g. de dios y la const. 1864 Wappen: Reina delas espanas. Unter dem Wappen 40 Cents de esc⁰.	5.230 Grm.	Kein Chlorsilber	90.30	9.18	0.35	Spur	0 17
	Südamerikanische Freistaaten.							
34	Chile. Real. Silberstücke, ohne eigentliche Prägung, nur gestempelt. Unregelmässige Form. Spanische Zeit, vor Einführung der Republik. Siehe weiter unten.	3.170 Grm.	Kein Chlorsilber	93 38	6 12	Spur	Spur	—!
35	Desgleichen	4.200 Grm.	Kein Chlorsilber	93.75	6.25	Spur	Spur	—!
36	Desgleichen	2.995 Grm.	Kein Chlorsilber	92.83	7.17	Spur	Spur	Spur
37	Desgleichen	3.550 Grm.	Kein Chlorsilber	93.00	7.00	Spur	Spur	—!
38	Real der Republik. Wappen mit den Sternen: Republica de chile 1. R. 1844 — Condor: por la razon y la fuerza	2.910 Grm.	Kein Chlorsilber	91.21	8.55	0.10	0.04	0.10
39	Bolivia. Peso. Baum, über welchem 6 Sterne und zu beiden Seiten ein liegendes Lama: Republica boliviana. 8. S. 1845 — Brustbild Bolivars mit Lorbeerkranz: Libre por la constitucion	27.090 Grm.	Kein Chlorsilber	89.49	10.35	0.11	Spur	0.05
40	— Halber Peso. Baum mit Sternen etc. und Umschrift wie Nr. 39. 4 S. 1830 — Bolivar in Uniform mit Lorbeerkranz. Umschrift wie Nr. 39	13.510 Grm.	Kein Chlorsilber	90.04	9.76	0.10	Spur	0.10

Die römischen Silbermünzen.

(Tabelle I.)

Ich sende eine kurze Uebersicht der Zusammensetzung der Kupfermünzen der Römer voraus.

Als absichtlicher Zusatz kann bei denselben betrachtet werden, Zinn, Zink und Blei, oder, unter Umständen, die Erze dieser Metalle.

Das quantitative Verhältniss dieser Zusätze steigt oder fällt in gewissen Perioden, mit Sicherheit ist aber wohl anzunehmen, dass Mengen dieser Metalle, welche einige Prozente nicht übersteigen, als Beimengung, wenn man will, als Verunreinigung genommen werden müssen.

Eben so sind zufällige, durch die angewendeten Erze in die Kupferlegirung gekommene Bestandtheile: Eisen, Kobalt, Nickel, Antimon, Arsenik, Schwefel und ebenso das Silber.

Dieses letzte Metall tritt, nach meinen früher angestellten Untersuchungen, in bemerkbaren Mengen um 260 nach Christus, bei Gallienus, auf, und dauert etwa 100 Jahre lang, bis zu Valentinianus I. Ohne Zweifel arbeitete man zu dieser Zeit mit silberhaltigen Kupfererzen.

Eben den verwendeten Kupfererzen ist der fast nie fehlende Nickelgehalt der römischen Münzen zuzurechnen, und Fellenberg hat meines Wissens bei seinen Untersuchungen über antike Kupferlegirungen zuerst auf diesen Nickelgehalt aufmerksam gemacht.

Ein ganz ähnliches Verhältniss findet, bezüglich dieser nicht absichtlich zugesetzten Metalle, bei den von mir untersuchten römischen Silbermünzen statt, und es wurde bei diesen nur das Kupfer absichtlich zugesetzt, und das in demselben gefundene Blei, Eisen, Nickel, Zinn und Gold sind als zufällige, oder nicht absichtlich beigefügte Bestandtheile zu betrachten.

Der Nickelgehalt rührt ohne Zweifel von dem, der Silberlegirung zugesetzten Kupfer her, indessen ist er der Quantität des Kupfers nicht entsprechend, was sich aber auch schon bei den Kupfermünzen selbst zeigte. Neben verschiedenem Gehalte der Kupfererze an Nickel, mag, bezüglich der Silbermünzen, der Grund vielleicht auch darin gesucht werden, dass man dem zum Ausmünzen bestimmten Silber, reineres Kupfer zusetzte, als man zu den Kupfermünzen benützte.

Auch der Zinngehalt, und eben so die zwar stets geringen, aber bei den von mir untersuchten römischen Silbermünzen nie fehlenden Mengen von Eisen, sind dem Kupfergehalte zuzurechnen. Bezüglich der, der Quantität des Kupfers nicht entsprechenden Menge des Eisens mag gelten, was ich oben beim Nickel erwähnte, die Münze Nr. 2 der Tabelle aber, Augustus, hat überhaupt eine eigenthümliche Zusammensetzung, 1.88 Kupfer, 3.20 Eisen und 2.14 Gold, und mag als abnorm betrachtet werden. Vielleicht wurden zufällig zur Ausmünzung Schmuckgegenstände, oder Geräthe verwendet.

Blei enthalten fast alle römischen Kupfermünzen, in gewissen Perioden, so während der Republik, unbedingt absichtlich zugesetzt, dann aber, durch fast zwei Jahrhunderte, nur wieder als unabsichtlich zu betrachten. Es kann aber der, verhältnissmässig geringe, Bleigehalt der römischen Silbermünzen, einerseits dem Kupfer desselben zugeschrieben werden*), theilweise aber wohl auch den verwendeten Silbererzen selbst.

Was endlich das Gold betrifft, so ist dasselbe zuverlässig ein Begleiter des Silbers gewesen. Nur in höchst seltenen Fällen wird man Silber, gemünzt, oder zu anderen Zwecken verarbeitet, unter die Hand bekommen, welches nicht wenigstens Spuren von Gold enthält, ist gleichwohl in den meisten Analysen von Silbererzen dieser geringe Silbergehalt nicht erwähnt. Doch muss ich hier einer Bemerkung von Hiortdahl, (Erdmann Journal B. 105 p. 256) erwähnen, welcher stets Gold in gediegen Silber von Kongsberg fand, und das zwar zwischen 0.2—0.3 pCt., dass aber der Goldgehalt in dem Silber von Kongsberg oft grösser gefunden wird, als die Analyse der Silbererze ergiebt, rührt davon her, dass man das Silber mit goldhaltigen Eisenkiesen zusammenschmilzt.

Was den, in der Tabelle angegebenen Chlorsilbergehalt der römischen Münzen betrifft, so rührt derselbe unbedingt von partieller Zersetzung der Legirung her, und ich werde später Gelegenheit haben, denselben zu besprechen. — Bezüglich des Feingehaltes römischer Münzen, so giebt die beigefügte metrologische Tabelle Nr. II von A. v. Rauch hierüber die umfassendsten Aufschlüsse.

Die erste Spalte der Tabelle giebt das Gewicht der verwendeten Münze in Tausendtheilen des Pfundes zu 500 Grammes, ein Tausend also 0.500 Grammes. Die Feingehalte beziehen sich auf 1000 Theile der Masse.

Die bedeutende Anzahl der untersuchten Münzen in Rauch's Tabelle gestattet eine vollständige Uebersicht des Steigens und Fallens der Werthe.

Trotz der geringen Zahl der von mir untersuchten römischen Münzen, stimmen dennoch, in diesem Bezuge, die erhaltenen Resultate gut mit denen Rauch's, bezüglich der hohen Feingehalte einiger Perioden aber finden Abweichungen statt.

Die ältesten Denare mit 99 pCt. Feingehalt bei Rauch, stunden mir nicht zur Verfügung, dagegen habe ich für Augustus, bei Rauch ebenfalls 99 pCt., in vier Exemplaren nur 92.78 pCt. Silber gefunden, freilich aber nur in einem einzigen Exemplare, welches mir zu Gebote stund.

Der geringe Feingehalt, der später bereits bei Antoninus Pius beginnt, findet sich angedeutet auch in meiner Tabelle, und bei Septimus Severus stimmen einige Nummern fast vollständig. So bei Rauch die Nummer 75: 755 pCt. und Nummer 78: 431 pCt., bei mir Nummer XI: 438 und Nummer XIII: 766.

Ich muss hier die Bemerkung einschalten, dass diese Nummer, sowie die folgende XIV, wie in der Tabelle bemerkt, mir als falsch bezeichnet wurden, dass aber der verhältnissmässige hohe Feingehalt desselben XIV Julia Domna: 883 mich das bezweifeln lässt.

---

*) Eliot und Storer (Erdmann Journal B. 83 p. 268) haben in nordamerikanischen Silbermünzen, ebenfalls Blei gefunden, und sind geneigt dessen Quelle in dem steten Bleigehalte des Zinkes zu suchen, das zu der Reduction des Chlorsilbers benützt wird. Das der römischen Münzen hat sicherlich nicht diesen Ursprung.

Bedeutend höhere Gehalte, als bei Rauch angegeben, habe ich dagegen bei Valerianus und Gallienus gefunden. Aber die starken Schwankungen des Feingehaltes der Münzen ergeben sich deutlich aus Rauchs Tabelle: 720 bis 118 pCt.

Bezüglich de vortrefflichen Bemerkungen Rauchs über die Münzgesetze der verschiedenen römischen Kaiser, und über den Feingehalt der römischen Münzen überhaupt, muss ich auf die oben angegebene Schrift selbst verweisen, muss indessen bemerken, dass er, betreffs der gefütterten Silbermünzen, kupferner mit Silberplatten belegter Stücke, dieselben für als von der Regierung gemünzt hält.

Ich bin derselben Meinung, und glaube, dass diese Münzen, so wie die verzinnten, wenigstens aus den kaiserlichen Münzwerkstätten hervorgegangen sind, wenn gleichwohl bisweilen auch betrügliche Münzmeister die Hände mit im Spiele gehabt haben mögen.

In meinem Schriftchen: „Die Bronzen und Kupferlegirungen der alten und ältesten Völker" habe ich mich über die verzinnten und plattirten Münzen der Römer und eben so über den geringen Silbergehalt vieler Silbermünzen ausführlicher ausgesprochen. Ich will deshalb hier nur bemerken, dass abenteuerliche Verhältnisse, in Bezug auf den Silbergehalt solcher Münzen vorkommen, und derselbe dem, der gleichzeitigen ächten bisweilen gleichkommt, wie mir die angestellten und in jenem Schriftchen veröffentlichten Analysen zeigten.

So ergab eine Münze des Septimus Severus und der Julia Domna 39.89 pCt. Silber. Die Münze war mit einem dünnen, leicht abzulösenden Ueberzuge von fast chemisch reinem Silber bedeckt, die unter diesem Ueberzuge befindliche Münze aber war weich, zähe, hatte eine weisse Farbe mit gelblichem Schimmer und enthielt ebenfalls Silber. Dagegen hatte eine andere Münze derselben Prägung nur 1.47 Prozent, aber der Silberüberzug war nicht abzulösen, und die Münze war kaum plattirt, sondern nur versilbert.

Eine andere plattirte, aber mit fest haftendem Ueberzuge versehene, und in Bruch und Schnitt weisse Münze des Septimus Severus hatte 47.42 pCt. Silber.

Zwei nicht plattirte aber versilberte Münzen des Posthumus ergaben 17.31 und 12.14 pCt. Silber, dagegen hatte eine mit silberhaltigem Zinne überzogene Münze des Probus nur 3.76 Prozente.

Griechische Silbermünzen.

(Tabelle III.)

Ganz ähnlich wie bei den römischen Silbermünzen, verhält es sich hier mit den griechischen, bezüglich der einzelnen Bestandtheile derselben.

Obgleich bei verschiedenen derselben sich mehr Blei ergab, als bei der Reihe der Römer, so ist doch dieses Metall ohne Zweifel nicht als absichtlicher Zusatz zu betrachten, und hier wohl als eine nicht vollkommen entfernte Beimengung der Silbererze anzusehen.

Ebenso verhält es sich mit den geringen Mengen von Eisen, welches ausnahmsweise nur in einem Falle 1.60 pCt. betrug.

Die nur dreimal gefundenen Spuren von Zinn verdienen kaum einer Beachtung, das Gold aber, so ziemlich in dem gleichen Verhältnisse auftretend, wie bei den Römern, zeigt sich auch hier als ein steter Begleiter des Silbers.

Die gänzliche Abwesenheit des Nickels mag vielleicht auf eine sorgfältigere Reinigung des zugesetzten Kupfers hindeuten, wohl aber ist eher anzunehmen, dass die von den griechischen Städten benützten Kupfererze kein Nickel enthielten.

Was nun dieses Kupfer betrifft, so ist dasselbe wohl in den meisten Fällen absichtlich zugesetzt, in andern dagegen, so bei den Nummern II, und XII bis XV, als zufällig, oder als Verunreinigung des Silbers zu betrachten, und die Analyse dieser fünf Münzen ergiebt deutlich das Bestreben, reines Silber ohne fremden Zusatz auszumünzen, wie solches auch in gewissen Perioden bei den Römern der Fall war, was namentlich aus der Arbeit Rauch's hervorgeht.

Ob die plattirte Münze, Tarent, Nummer XVI, aus einer legalen Münzstätte, wie solches bei den Römern anzunehmen, hervorgegangen, oder dem Privatfleisse ihr Entstehen verdankt, mag dahin gestellt bleiben. Eigenthümlich bleibt indessen wieder die verhältnissmässig grosse Menge des Silbers, 20.70 pCt., welche man auf diese Fälschung verwendete.

Die persischen Münzen standen mir nur in so geringer Menge zu Gebot, dass ihre Untersuchung Schlüsse von einiger Bedeutung nicht zulässt.

Bezüglich der „Nebenbestandtheile“ mag indessen für Blei und Eisen gelten, was bei den griechischen Münzen bemerkt wurde, Gold zeigten die drei untersuchten Stücke, chronologisch freilich weit auseinanderliegend, verhältnissmässig ziemlich viel, und das verwendete Kupfer hat, wie bei den Römern, wieder einen geringen Nickel-Gehalt.

Uebrigens ist dieses Kupfer, bei den drei Proben als absichtlicher Zusatz anzunehmen, obgleich der Feingehalt der Münzen immer noch als ein bedeutender erscheint.

Für die ***Macedonischen Münzen*** mag bezüglich ihrer geringen Anzahl dasselbe wie für die persischen gelten, und dies wohl um so mehr, als sämmtliche nur von einem Münzherrn geprägt sind.

Nickel fehlt bei ihnen, sowie bei den Griechen, gänzlich, Eisen und Gold ist so ziemlich in dem gleichen Verhältnisse vorhanden, wie solches bei den Römern und Griechen gefunden wurde, dagegen ist das Kupfer unbedingt als Nebenbestandtheil anzusehen, nur in geringer Menge vorhanden und fehlt bei Nummer XX gänzlich, ein seltener Fall, welcher mir bei allen bisher untersuchten Münzen nur einmal Nummer I, Athen, vorkam.

Ich bin der Meinung, dass man auch bei diesen Münzen Alexander des Grossen reines Silber, ohne Zusatz, ausmünzen wollte, und glaube, dass die nicht ganz unbedeutenden Mengen Blei, die sich bei XXII bis XXIV ergaben, eher einer unvollständigen Reinigung, als einer absichtlichen Beimengung zuzuschreiben, da hiefür die Quantität des Bleies immerhin noch eine zu geringe.

Bei den sogenannten ***Münzen der Barbaren,*** findet ein, obgleich nicht sehr bedeutender, absichtlicher Kupferzusatz statt, ob dies auch bei Nummer XXVII, Lugdunum, der Fall, will ich nicht entscheiden, es ist möglich, dass die 3.65 pCt. Kupfer auch als Verunreinigung zu betrachten sind.

Verschiedene Münzen nachchristlicher Zeit.

(Tabelle IV.)

Nicht den mindesten Anspruch kann selbstverständlich die hier gegebene Reihe von Untersuchungen machen, vielleicht aber ist einem oder dem anderen Numismatiker dennoch eine der gegebenen Analysen nicht ganz uninteressant.

Nur flüchtig sind die Nebenbestandtheile Blei, Eisen, Nickel und Gold zu besprechen.

Nickel fand sich nur in zwei Fällen als Spur, bei Nummer 1 und 2, weshalb ich die Spalte für dasselbe in der Tabelle wegliess.

Blei und Eisen finden sich in demselben Verhältnisse, wie bei den vorchristlichen Münzen, und eben so wurde, mit Ausnahme der spanischen, in Südamerika geprägten Realen, allenthalben Gold gefunden.

Eher zu besprechen ist deshalb der Feingehalt der verschiedenen Münzen.

Ich glaube, dass noch heute die Numismatiker annehmen, dass die ersten Haller (Heller oder Häller) zu Hall in Schwaben geprägt wurden, und dass die Hand und das Kreuz Bezug auf das Wappen dieser Stadt haben. Höchst wechselnd aber mag wohl dagegen zu verschiedenen Zeiten der Feingehalt dieser Münzen gewesen sein, da dieselben später in verschiedenen anderen Städten geprägt wurden, und es liegen bekanntlich über den Werth, welchen sie haben sollen, eine Menge von Verordnungen vor, welche aber, wie es scheinen will, die Sache nicht allzusehr klärten.

Ich will eine hierauf Bezug habende Stelle aus den „Nürnberger Münzbelustigungen von 1764“ anführen, in welcher die „alten, sehr seltenen Nürnberger Heller“ besprochen werden. Es heisst dort:

„Was den Werth und das Verhältniss dieser Münze gegen andere Gelder betrifft, so scheint fast, dass man nichts gewisses davon bestimmen könne. In einem von Hrn. Consulenten Dr. Joh. Jobst Peller unten anzuführenden Bedenken heisst es von unsern Nürnbergern Hellern:

„Ich muss bekennen, dass diese Münzsorte, welche nur ein Drittel löthiges Silber gehalten, und zwey Drittel Zusatz gehabt hat, mich sehr perplex mache, eine Proportion zwischen einem Pfund derselben (wie sie usque ad Annum 1439 im Handel allhier zu Nürnberg genommen worden seyn) und dem 19 Karat Gold haltigen Landwährungs-Gulden, oder auch dem, in circa 23 haltigem Floreno und Ungarischen Dukaten, zu finden. Zumalen zu K. Caroli IV. Zeiten, da nemlich die Heller mit Hand und Kreutz bezeichnet zu münzen, höchstlöbl. Kaiser Anno 1356 der Stadt Frankfurt, Nürnberg, Ulm und Donauwöhrd aufgetragen hat, dieser Münzsorte 31 Schilling und vier Heller auf die Hallische Mark haben gehen sollen; hingegen aber, nach König Wenceslai Anno 1385 gemachter Verordnung, die Ausmünzung auf 49 Schilling und 4 Heller gerichtet gewesen, und weiter determiniret worden ist, dass 47 auf ein Loth gehen, und des Zeichens mit Hand und Kreutz auch die Reichsstädte Augsburg und Halle gebrauchen sollen."

Soweit die Nürnberger Münz-Belustigungen und Herr Consulent Peller, zu dessem Bedenken wir nichts weiter bemerken wollen, als dass die drei von mir untersuchten Heller, wie die Tabelle zeigt, einen grössern Feingehalt als ein Drittel ergaben, und unbedingt besser ausgemünzt wurden, als unsere gegenwärtige Scheidemünze.

Fast gleichwerthig ist der zwischen 1450 bis 1500 geprägte halbe Nürnberger Solidus, besser die Montfortische Münze von 1692, am besten aber die nur anderthalb Gramme schwere Münze des deutschen Ordens, zwischen 1351 bis 1382, welche über zwölflöthig ist.

Bei den beiden Sechskreuzerstücken Nummer 8—9 zeigt sich das eigenthümliche Verhältniss, dass sie beide einen höheren Silbergehalt haben als den, für welchen sie ausgemünzt wurden. Das bayerische Sechskreuzerstück vom Jahre 1806 hat 326.389 pCt. Silber bei Gewicht von 2.945 Grms.*).

Das untersuchte Stück wog 2.470 Gramms und ergab 35.32 pCt. Silber, oder für 2.470 Grms.: 0.8724 Gramms Silber, während sich für 2.470 Grms. Gewicht ergeben sollten 0.8070 Grms.

Ganz ähnliche Verhältnisse ergeben sich für das Sechskreuzerstück im Grossherzogthume Hessen vom Jahre 1827, für welches der Normalgehalt von Silber bis zum Jahre 1837 343.750 pCt. beträgt**) und bei dem 38.59 pCt. gefunden wurden.

Bei beiden Stücken ist also durch die Abnützung verhältnissmässig mehr Kupfer als Silber aus der Legirung entfernt worden. Ich habe, wie man weiter unten sehen wird, Versuche angestellt über das Verhalten kupferhaltiger Silberlegirungen in Ammoniak, welche zeigten, dass durch Ammoniak ein grosser Theil des Kupfers den Legirungen entzogen wird, ohne dass Silber mit in Lösung geht. Zur Zeit bin ich mit der Fortsetzung dieser Versuche und mit solchen über die Zersetzungen der Silberlegirungen überhaupt beschäftigt, doch glaube ich wohl jetzt schon darauf hindeuten zu können, dass das allmälige Verschwinden des Kupfers aus coursirenden Münzen, den Ammoniaksalzen des Schweisses der Hände zuzurechnen sein wird, während der Chlorsilbergehalt coursirender Münzen wohl dem Chlorkalium und Chlornatrium des Schweisses seinen Ursprung verdankt.

Ein solcher procentisch grössere Silbergehalt zeigt sich auch bei der Nummer 16, Zehner der Maria Theresia, Normal-Gewicht 3.898 Gramms, nach Münzconvention von 1752: 500 pCt. Feingehalt, während das Gewicht des untersuchten Stückes 3.650, und der Silbergehalt 51.60 betrug. Der zweite Zehner, Nummer 17, Gewicht: 3 750, hatte nur 50,48 Silber, und dieses verhältnissmässig geringe Uebergewicht von Silber bei grösserem Gewicht der Münze selbst, würde

*) Münz-, Maass- und Gewichtsbuch etc. von Christian und Friedrich Noback. 1860. p. 991.

**) Ebendas. p. 1006.

zu Gunsten des oben Gesagten sprechen, stünde die Wahrnehmung überhaupt nicht vorläufig zu isolirt.

Für die Reihe der Würzburger Münzen, lassen sich ähnliche Schlüsse nicht ziehen, da mir deren Normalgewicht nicht bekannt, im Uebrigen zeigt sich, dass alle diese fürstbischöflichen kleineren Münzen besser, und mit höherem Silbergehalte geprägt wurden, als die meisten Scheidemünzen späterer Zeiten, und auch die altfranzösischen und spanischen Münzen haben hohen Feingehalt.

Eigenthümliche Münzen sind die Nummern 34 bis 37, Realen in Chile geprägt, noch unter spanischem Regimente, und vor der Republik.

Es sind unregelmässige, stark abgenützte Silberstücke, von welchen ich niemals eines unter der Hand hatte, an welchen das Gepräge noch deutlich zu erkennen war, doch lassen sich Spuren von Wappen mit Umschrift erkennen. Höchst wahrscheinlich wurden sie nicht unter dem Prägstocke ausgemünzt, sondern mit Hammer und Stempel, aus freier Hand verfertigt. Ihr Gewicht ist, wie die Tabelle zeigt, ziemlich verschieden und es giebt, oder gab, auch Stücke, welche nicht ganz 2 Grammes wiegen, ihr Cours aber war zur Zeit, als ich in Chile war, 1849 und 1850, ein ziemlich willkührlicher, man nahm die kleinen, oder die, welche man eben beliebte, für klein zu halten, für einen Realen, etwa 18 Kreuzer süddeutsch, und die grössere für zwei Realen. Jetzt, glaube ich, sind sie wohl vollständig verschwunden, und durch die geprägten Realen der Republik verdrängt, welche ebenfalls gutes Geld sind, und einen bedeutenden Feingehalt besitzen.

Diese alten spanischen Realen bestanden, wie die Analyse zeigt, aus fast reinem Silber und Kupfer, und auffällig ist das fehlende Gold.

Ohne Zweifel enthielten also die verwendeten, offenbar chileuischen Silbererze, ebenfalls kein Gold.

Eine Analyse von Forbes *), Silber aus dem Flusse Chuqaguuillo (Peru), ergab in zwei Proben 0.28 und 0.22 pCt. Gold. Domeyko **), aber fand in den von ihm untersuchten chilenischen Silbererzen kein Gold. Ich selbst fand bei einem 195 Grms. schweren Stücke gediegen Silber aus Chile, ebenfalls keine Spur von Gold, dagegen, auf der Oberfläche aufsitzend, deutliche Spuren von „geschwärztem, in Ammoniak unlöslichen Chlorsilber" (Ag_2 Cl?). In grossen Stücken von natürlich vorkommendem Chlorsilber, ebenfalls aus Chile, wieder kein Gold, aber wieder das geschwärzte Chlorsilber, 1.17 pCt.

Vielleicht hat man sich zur Zeit, als jene ersten spanischen Realen verfertigt worden, vorzugsweise des früher häufig dort im Lande vorkommenden gediegen Silbers, und des Chlorsilbers bedient, denn der 1844, schon zur Zeit der Republik, geprägte Real zeigt Blei und Eisen in wägbarer Menge, und ebenso Gold, woraus hervorzugehen scheint: dass die übrigen chilenischen Silbererze, so gut wie die Europäischen, ebenfalls geringe Mengen von Gold enthalten, welches sich auch in den beiden Bolivianischen Münzen vorfand.

*) Erdmann Journal Band 97, p. 248. 1866.

**) Elementos de Mineralogia por Ignacio Domeyko, Serena. 1845.

Schmuck, Geräthe.

Tabelle V.

Fort-lauf. Nr.	Gegenstand.	Bemerkungen. Gewicht der analysirten Probe.	Silber	Kupfer	Blei	Eisen	Gold
1.	*Kleiner Silberpokal*, wohl Anfang des 17. Jahrhunderts. Fragment von 6 CM. Höhe, im Ganzen vielleicht 10 CM. — Modell? Aus einem Puppenhause?	2.070 Grm.	88.67	11.00	0.33	Spur	Spur
2.	*Gürtelkette* an einer Geldtasche. Derbe Arbeit. Etwa Mitte des 17. Jahrhunderts.	2.000 Grm.	67.70	31.35	0.72	0.13	0.10
3.	*Desgleichen*, aus ders. Zeit. Ziemlich zierliche Arbeit.	1.720 Grm.	63.49	35.55	0.62	0.21	0.13
4.	*Fragment eines Schmuckes.* Einer Brosche ähnlich. Gleiche Zeit wie Nr. 2 und 3.	0.970 Grm.	67.56	32.10	0.23	0.11	Spur
5.	*Kette an einem Balsamfläschchen.* In einander gelöthete Doppelringe. Ende des 17. Jahrhunderts.	1.080 Grm. Spuren von Zinn.	77.91	21.47	0.42	0.10	0.10
6.	*Zängchen aus einer Necessaire.* Etwa erstes Drittel des 18. Jahrhunderts.	2.250 Grm.	82.42	17.26	0.22	Spur	0.10
7.	*Uhrkette*, in Form der Ketten in den Uhrwerken. Derbe Arbeit. Gleiche Zeit wie Nr. 6.	2.120 Grm.	82.83	16.19	0.80	0.11	0.07
8.	*Halsband*, schönes, lavaähnliches Gestein, in zierlicher Silberfassung. Etwa aus gleicher Zeit wie die beiden vorhergehenden Nummern.	0.900 Grm. Gold in glänzenden Blättchen, in der salpetersäuren Lösung zurückbleibend, deutete auf Spur von Vergoldung.	66.63	31.04	0.72	0.50	1.11
9.	*Halsband*, zierliche Filigran-Arbeit. Die einzelnen Glieder auf ein Sammtbändchen aufgereiht. Wohl Mitte des 18. Jahrhunderts.	1.320 Grm.	66.07	33.00	0.52	0.30	0.11
10.	*Halsband*, ähnliche Arbeit und Zeit wie Nr. 9.	1.400 Grm.	66.53	32.52	0.65	0.10	0.20
11.	*Perle eines Rosenkranzes.* Filigran-Arbeit. Zweite Hälfte des 18. Jahrh.	1.470 Grm. Nickel 0.71 pCt.	55.78	43.41	Spur	0.10	Spur
12.	*Perle eines Rosenkranzes.* Aehnliche, aber gröbere Arbeit. Gleiche Zeit.	1.530 Grm.	53.93	45.56	0.33	0.05	0.13
13.	*Silberne Fassung einer hölzernen Rosenkranz-Perle.* Gleiche Zeit mit Nummer 11 und 12.	1.700 Grm.	44.71	54.46	0.31	0.32	0.20
14.	*Von Pferdeschmuck aus Abysinien.* Dünnes Blech mit eingepresster Verzierung.	0.753 Grm. Spur Zinn.	75.56	23.94	Spur	Spur	0.50

Schmuck, Geräthe.

(Tabelle V.)

Man hört nicht selten sagen, dass ein grosser Theil der älteren Silbergeräthschaften nur von geringem Feingehalte wären, die, freilich leider nur wenig zahlreichen, untersuchten Gegenstände aus der Renaissance deuten aber nicht darauf hin.

Es ist mir nicht bekannt, ob in früheren Zeiten in den verschiedenen deutschen Staaten Gesetze über den Feingehalt von dergleichen Gegenständen bestanden, wie solche gegenwärtig Geltung haben. So ist zum Beispiele bekanntlich in Süddeutschland zur Zeit 13löthiges Silber, oder Silber von 81.2 pCt. Feingehalt, vorgeschrieben, oder wenigstens üblich. In Preussen wird 12löthiges verarbeitet, von 75.0 pCt. Feingehalt. In Schweden sind 82.8 pCt., und in Frankreich 91.25 pCt. gesetzlich.

Die von mir untersuchten Gegenstände der Renaissance, wohl alle deutsche Arbeit, zeigen zum Theile selbst einen grösseren Feingehalt als 13löthig, die Nummer 5 steht zwischen 12 und 13 Loth, und die übrigen Nummern sind wenigstens nicht als gering zu bezeichnen.

Auch die Uhrkette aus dem ersten Drittel des 18. Jahrhunderts steht noch über 13 Loth, dann aber sinkt der Feingehalt. Die geringe Anzahl der Analysen erlaubt indessen kaum nach dieser Richtung hin einen bestimmten Schluss zu ziehen, und wahrscheinlich hat man zu gewissen kleinen Arbeiten, auf welche man weniger Werth legte, geringes Silber genommen, während man für grössere und kunstreichere Arbeiten besseres verwendete.

Als absichtlicher Zusatz ist bei diesen deutschen, zu Schmuck und Geräthen verwendeten Silberlegirungen wieder nur das Kupfer zu betrachten, Blei, Eisen und Gold fand sich abermals in allen, die Spuren von Zinn bei Nr. 5 sind wohl der Löthung zuzuschreiben, und der Nickelgehalt von Nr. 11 vielleicht der zufälligen Verwendung eines nickelhaltigen Kupfers, oder einer verwendeten älteren Silberlegirung, welche Nickel enthielt.

Interessant ist der Pferdeschmuck aus Abysinien. Er ist ein Geschenk des Königs Theodorus, an einen deutschen Missionär, und befindet sich gegenwärtig im Besitze des Herrn Hofantiquars Pickert n Nürnberg, durch dessen Güte ich die Probe zur Untersuchung erhielt.

Man kann sich von dem Reichthume des Ganzen einen Begriff machen, wenn ich sage, dass der Halsschmuck, von dem das analysirte Stück genommen wurde, allein über acht Pfunde wiegt. Wie die Tabelle zeigt, ist das Silber 12löthig mit einem Bruchtheile darüber, und die Legirung ist ganz nach europäischer Art und Weise zusammengesetzt, obgleich wohl ohne Zweifel der Schmuck in Abysinien gefertigt wurde.

Ich will bei dieser Gelegenheit schlüsslich einiger anderer aussereuropäischen Silberlegirungen gedenken. Die eine ist eine „von alten

Völkern Südamerikas dargestellte Legirung von Kupfer, Silber und Gold", deren A. Damour erwähnt*).

Das Stück war eine dünne Platte mit verschiedenen Figuren in Relief verziert, und stark brüchig. Im frischen Bruche war die Farbe rosenroth, und die Platte selbst war an einigen Stellen mit einer Kruste von Kupferoxydul und kohlensaurem Kupfer bedeckt. Sie bestand aus:

Gold . . .	35.49
Silber . . .	11.94
Kupfer . . .	52.35
	99.78

und ist also eigentlich mehr als eine Kupfer-Gold-Legirung zu betrachten.

Dann hat Pampelly einige japanesische Legirungen besprochen**), so eine Legirung aus Kupfer und Gold, dieses zwischen 1—10 pCt., welche man Shakdo nennt.

Eine andere: Gin shi bu ichi, aus Kupfer und 40 bis 50 pCt. Silber, welche mit Kupfervitriol, Alaun und Grünspan gesotten, eine beliebte graue Farbe annimmt. (Antquirung der europäischen Legirungen?)

Dann erwähnt er des sogenannten Mokume, welches man erhält durch Uebereinanderschweissung verschiedener Legirungen und Metalle, indem man 30 bis 40 dünne Blätter von Gold, Silber, Shakdo, Kupfer, Gin shi bu ichi etc. vereinigt, in die Platte tiefe concentrische Kreise, und dreieckige Mulden eingräbt, um parallele oder gewundene Linien herzubringen, und dann die Platte bis zum Verschwinden der Vertiefungen aushämmert, polirt und endlich in der oben erwähnten Lösung von Kupfervitriol etc. siedet, sie zeigt dann die Farbe des Shakdo, Gin shi bu ichi und des Kupfers.

Diese Notiz war mir nicht uninteressant, weil ich, wie man weiter unten sehen wird, bei der Reihe der russischen Silberfunde, Gegenstände getroffen habe, welche ebenfalls aus zusammengelegten Lamellen bestanden, so Nr. 22 ein Beschlagstück, und Nr. 26, Fragment eines Bechers, wobei freilich unentschieden bleibt, ob der Zweck ein ähnlicher, wie bei dem in Japan gebräuchlichen Verfahren war.

*) Compt. rend. t. 64, p. 100, und Erdmann Journal Band 101, p. 255. 1867.

**) Sill. Amer. Journ. (2) 42, Nr. 124, p. 43 und Erdmann Journal. Band 101, p. 439. 1867.

Die Sendung alter Silberfunde aus Russland.

Die Reihe dieser höchst interessanten Ausgrabungen, deren ich bereits im Eingange erwähnte, beginnt mit dem vierten Jahrhunderte vor Christus, und schliesst im zwölften der christlichen Zeitrechnung.

Selbstverständlich wird die Suite doppelt interessant durch das hohe Alter des grössten Theiles derselben und durch die Zersetzungen, welche viele Stücke erlitten, und aus diesem letzten Grunde war auch der Gang der Untersuchung ein theilweise veränderter, gegen jenen der vorher behandelten Gegenstände, welche einer, schon äusserlich wahrnehmbaren Veränderung, nicht, oder wenigstens nur wenig unterlegen waren.

Schon die archäologische Kostbarkeit der ganzen Reihe gestattete in vielen Fällen nur die Abgabe kleiner Fragmente, welche eine vollständige chemische Analyse nicht zuliessen, immerhin aber konnte auch bei solchen ganz kleinen, und wohl beim Entnehmen aus der Erde bereits vorgefundenen Bruchstücken, das Interessanteste der chemischen Zusammensetzung erkannt werden, und auf gleiche Weise war die mikroskopische Untersuchung ermöglicht.

Was ich in dieser letzten Beziehung wahrnahm, werde ich weiter unten, bei Aufführung der einzelnen Gegenstände angeben, und dort zugleich die Angabe der gefundenen Bestandtheile folgen lassen, da diese Form der Mittheilung mir hier zweckmässiger erscheint, als jene der Tabelle, weil mehrere Analysen, der geringen Menge des Materials wegen, nicht vollständig durchgeführt werden konnten.

Hier aber werde ich einige Notizen voranschicken über die gefundenen Veränderungen überhaupt.

Die Oberfläche vieler Stücke war mit einer mehr oder minder starken Schicht von Chlorsilber bedeckt, ebenso haftete an manchen derselben ein erdiger Ueberzug, welcher bisweilen mechanisch nicht wohl zu entfernen war, ohne einen Theil der zersetzten Substanz des Gegenstandes selbst mit hinwegzunehmen.

Vorzugsweise bestand dieser Ueberzug aus Kieselerde, Kalk-, Talk- und Thonerde, aber als unwesentlich für die Zusammensetzung der Silberlegirung, wurden diese Beimengungen bei Angabe der Resultate nicht berücksichtigt.

Neben dem, so eben angegebenen Ueberzuge vieler Stücke, waren aber auch manche derselben bis tief in ihre Masse, in Chlorsilber verwandelt, Schwefelsilber und Schwefelkupfer habe ich indessen bei keiner der Proben, bei welcher es wegen grösserer Menge des Materials möglich war, darnach zu suchen, finden können *).

Bezüglich des Chlorsilbers, so habe ich mich vorzugsweise zweier Methoden bedient, um dasselbe nachzuweisen und wo möglich zu bestimmen.

Meist geschah das Letzte durch Ausziehen mit Ammoniak, ein Verfahren, welches nebenbei gesagt häufig ziemlich langwierig ist, um die Gegenwart von Chlorsilber aber bei sehr kleinen Mengen, doch wenigstens nachzuweisen, habe ich mich nicht selten auch des Belichtens bedient.

Bei den Proben in Form von dünnen Platten oder Blech, zeigt der frische Bruch meist verschiedene Schichten. Freilich sind die meisten Stücke stark brüchig, deshalb zeigen sie in Mitte der Bruchfläche aber doch sehr häufig auch einen silberglänzenden Kern, gegen aussen hin aber haben die einzelnen Schichten nicht selten verschiedene Farben, dunkel bisweilen, fast schwarz, dann aber weiss in verschiedenen Abstufungen.

Ich habe diese verschiedenen Lagen die „Zersetzungsschicht" genannt, fast alle Proben unter das Mikroscop genommen, und, in zweifelhaften Fällen, einen Theil der Bruchfläche vor dem Lichte geschützt, den anderen aber belichtet, um so die Anwesenheit von Chlorsilber zu erkennen.

Was das Kupfer in den, mehr oder weniger, zersetzten Proben betrifft, so wird dasselbe, mit dem Chlorsilber zusammen, in manchen Fällen, vollständig durch die Behandlung mit Ammoniak ausgezogen, in andern blos theilweise, so dass in den letzten ammoniakalischen Auszügen, Kupfer weder durch die charakteristische blaue Färbung zu erkennen, und eben so wenig durch Schwefelwasserstoff nachzuweisen ist, bei einigen Proben aber wurde, obgleich Kupfer anwesend, dennoch durch Ammoniak keine Lösung desselben erhalten.

Stärker oder schwächer vor sich geschrittene Zersetzung scheint auf dieses Verhalten gegen Ammoniak ohne Einfluss zu sein, vorläufig aber kann ich mir keine Rechenschaft über dieses Verhalten des Kupfers in diesen theilweise zersetzten Silberfunden geben.

---

*) Ich will deshalb aber nicht in Abrede stellen, dass in ähnlichen alten Silberfunden, vielleicht selbst in den von mir untersuchten, Schwefelverbindungen anwesend. Der, freilich höchst dünne Ueberzug mancher Stücke, kann in einigen Fällen Schwefelsilber gewesen sein, die geringe Menge desselben, mag seine Erkennung verhindert haben, indessen halte ich denselben in überwiegender Mehrzahl für durch das Licht geschwärztes Chlorsilber, welches ich, wie bereits erwähnt, auf natürlich vorkommendem Chlorsilber aus Chile, und eben so auf gediegen Silber von dort, ebenfalls getroffen habe.

Kupferoxyd, Kupferoxydul, und das durch Schwefelwasserstoff gefällte Schwefelkupfer sind in Ammoniakflüssigkeit löslich.

Reines, oder wenigstens käufliches Feinkupfer, löset sich in nicht vollständig luftdicht geschlossenen Gefässen, ziemlich rasch in Ammoniak, und wird die Ammoniakflüssigkeit von Zeit zu Zeit erneut, so lösen sich stets neue Mengen. Erneut man indessen das Ammoniak nicht, so bedeckt sich das Metall endlich mit einem schmutzig grünen, oder bläulichen, ziemlich fest haftendem Ueberzuge, einer Art von Patina, der eine Mengung von Kupferoxydhydrat, kohlensaurem Kupfer und Kupferoxyd-Ammoniak zu sein scheint.

Eben so wird rasch Kupfer durch Ammoniakflüssigkeit, aus kupferhaltigen Silberlegirungen ausgezogen.

Ein Sechskreuzerstück eines süddeutschen Staats vom Jahre 1827 ergab, mit Nichtbeachtung einer Spur unwesentlicher Bestandtheile, für 100.00

Silber . .	38.59
Kupfer . .	58.99
Blei . . .	2.42.

Das gleiche Stück aus demselben Jahrgange, hatte, bei Behandlung mit hier und da erneutem Ammoniak, nach 110 Tagen, 30.43 pCt. Kupfer verloren. Vor der Behandlung 2.320 Grm., bei der Währung nach 110 Tagen 1.620, und Silber war in den entfernten Ammoniakflüssigkeiten nicht nachzuweisen. Die Oberfläche war scheinbar nur wenig verändert, aber frische Ammoniakflüssigkeit mit der gereinigten Münze in Berührung gebracht, färbte sich schon nach einer Viertelstunde wieder blau.

Dass in einem luftdicht verschlossenen Gefässe Kupfer ebenfalls ausgezogen wird, die Lösung aber farblos bleibt, ist bekannt. Sie färbt sich bei Luftzutritt rasch blau, wird aber, bei abermaligem luftdichten Verschlusse wieder farblos, nach mehrmaligem Wiederholen des Versuches tritt aber keine Entfärbung mehr ein.

Zur Zeit sind mir, ausser den Untersuchungen von A. Schertel, über den Hildesheimer Silberfund*), keine genaueren Arbeiten bekannt über die Zersetzungen, welche das Silber durch längeres Liegen in der Erde erleidet, und ich will die Beobachtungen und Ansichten Schertels hier in der Kürze folgen lassen.

Er fand bei Fragmenten des bekannten Fundes die ganze Masse brüchig, alle Dehnbarkeit war verschwunden, und die Bruchflächen zeigten sich meist körnig.

Die Aussenseite der Gefässe, soweit sie von der Erde berührt war, war mit einer Schicht von Chlorsilber von wechselnder Stärke bedeckt, aber diese Schicht war ungleichartig.

Zunächst am Silber zeigte sich eine meist dünne, fast schwarze Schicht, nicht mit dem Messer schneidbar, sondern zerbröckelnd, gegen aussen aber eine hellere, schneidbare.

---

*) Journal für praktische Chemie v. H. Kolbe. Neue Folge Band III p. 317. 1871.

Die dunkle Lage ergab 87 pCt. Silber und 12.8 pCt. Chlor, war also „Halbchlorsilber", (85.89 Ag und 14.11 Cl.) die hellere enthielt 75.43 Silber und 24.51 Chlor, also fast vollständig die Zusammensetzung des Chlorsilbers.

Zwischen dem Halbchlorsilber und dem noch nicht zersetzten Metalle, befand sich eine dunkle Schicht, welche aus Gold bestand.

Schertel unternahm zwei Analysen von Fragmenten, welche von verschiedenen Gefässen genommen waren, und veröffentlicht zugleich mit diesen eine dritte, welche im Laboratorium zu Göttingen ausgeführt wurde, von der aber Näheres mir nicht bekannt geworden. Schertel fand I und II

	I.	II.	III.
Silber	94 00	98.20	94.78
Gold	2.70	Spur	3.18
Kupfer	3.26	1.56	1.92
			(Göttingen.)

Schertel hält den geringen Kupfergehalt der Legirung kaum für absichtlichen Zusatz, glaubt aber dennoch, dass er die Ursache der Veränderung des Metalles sei.

„Die Schichte Silberchlorür", sagt er, „weist deutlich darauf hin, dass die Chloride enthaltenden, den Thon durchsickernden Wasser, zuerst das Kupfer in Kupferchlorür umwandelten, und dass hierauf das Kupferchlorid mit dem Silber Silberchlorür und Kupferchlorür bildete. Wenn das Kupferchlorid wieder zu Chlorid werden konnte, so vermochte es auf's Neue den Angriff auf das Silber zu unternehmen. Der aufliegende Thon liess die Flüssigkeiten in langer Berührung mit dem Metalle, und so konnte mit wenig Kupfer eine grosse Menge Silbers in die Chlorverbindung übergeführt werden.

„Da der Thon ferner wie ein Filter das Chlorsilber zurückhielt, so bedingte er auch die starke Incrustation der Gefässe. Der langsame Fortgang des Processes ermöglichte ferner, dass das Gold, nachdem die mit ihm verbundenen Silber- und Kupfertheilchen in Chlorüre verwandelt waren, als feines Pulver sich auf das noch unangegriffene Gold setzte."

„Ich habe," fährt Schertel fort, „ein Frankenstück zu dünnem Bleche gewalzt und einen Theil desselben sechs Monate in einer mässig starken Lösung von Kochsalz aufbewahrt. Als ich es herausnahm, zeigt es sich, besonders an den dünneren Stellen, brüchig, 0.830 Grm. hatte 0.027 Grm. an Gewicht verloren. Der grüne Niederschlag am Boden des Gefässes löste sich in Salpetersäure unter Gasentbindung, die Lösung bleibt weisslich getrübt. Nach dem Filtriren wurden durch Einleiten von Schwefelwasserstoff 0.023 Grm. Kupfer ausgefällt. Die Legirung hatte also 27.7 pCt. ihres gesammten Kupfergehaltes abgegeben. Da das Kupfer in stärkerem Verhältnisse aus der Legirung herausgestossen wird, so muss der innige Zusammenhang der Theilchen aufgehoben sein. Hieraus erklärt sich auch die Brüchigkeit der Gefässe, und man könnte von einer schlechthin „molecularen Veränderung" Abstand nehmen."

Vollkommen pflichte ich dieser Ansicht Schertels, über die durch Kupfer bedingte Zersetzung des Silbers bei.

Ich habe, eben so wie dieser Chemiker, dünn gewalztes, kupferhaltiges Silber, vor dem Lichte geschützt, längere Zeit hindurch (165 Tage) mit Kochsalzlösung behandelt und genau dieselben Resultete erhalten wie Schertel.

Bis auf eine Spur von Gold, chemisch reines Silber aus der Münze von München hingegen, wurde mit einer Kochsalzlösung von derselben Stärke, ebenfalls 165 Tage lang behandelt, aber nicht im Mindesten angegriffen. Die Oberfläche blieb blank und glänzend, und nach dem Abspülen mit Wasser konnte mit Ammoniak keine Spur von Chlorsilber gefunden werden.

Dasselbe Silber aber mit einer Lösung von Kupferchlorid behandelt, bedeckte sich mit einem braunen, stellenweise grün gefärbten, ziemlich starkem Ueberzuge, welcher in Ammoniak löslich war und mit Salzsäure reichlichen Niederschlag von Chlorsilber gab.

Es ist also klar, dass das Kupfer die Zersetzung des Silbers bedingt, während reines Silber von Chlornatriumlösung nicht verändert wird.

Die von Schertel beobachtete Ausscheidung von Gold habe ich nur in einem Falle mit Deutlichkeit bemerken können, dagegen habe ich das Silberchlorür nie in solchen Quantitäten erhalten, um es mit Hoffnung auf Erfolg quantitativ untersuchen zu können. In den Proben selbst ist es überdies stets mit Chlorsilber gemengt. Indessen bin ich derselben Ansicht wie Schertel, dass die dunkeln oder schwarzen Schichten wohl bei den meisten, mehr oder weniger zersetzten Silberfunden, zum grössten Theile aus Silberchlorür bestehen.

Ich habe mehrfache Versuche angestellt über diese Schwärzung des Chlorsilbers, welche ich indessen, als durchaus nicht beendet, hier nicht weiter berühren, und nur so viel bemerken will, dass bei älteren und neueren Angaben über diesen Gegenstand, mancherlei sich zu widersprechen, und dass der Vorgang selbst noch nicht vollständig geklärt scheint.

Die Analysen über die russische Reihe ergaben folgende Resultate:

1. Geschmolzene Bruchstücke. — Halbinsel Tamun. (Tamulus grosse Blisniza Viertes Jahrhundert vor Christus. Totalgewicht des Fragmentes: 1.240 Grm. — Grau fast durch die ganze Masse, stark brüchig, fast alles Silber in Chlorsilber verwandelt.

Silber . .	88.36	
Kupfer . .	4.50	Zweifelhafte Spur von Zinn.
Blei . . .	1.50	
Eisen . .	Spur	
Gold . .	5.64	
	100.00	

2. Von einem Helme. — Bei Kertsch. Grab eines skythischen Königes. Viertes Jahrh. vor Christus. Mehrere kleinere Fragmente im Totalgewichte 0.240 Grm. Die Bruchstücke waren theilweise vergoldet, und von theilweise noch regulinischem, fest anhaftendem Eisen mechanisch nicht zu trennen. Zusammen wurde erhalten:

Silber . .	64.46	
Kupfer . .	Spur	Ein Theil des Goldes in metallisch glänzenden Blättchen, von der Vergoldung herrührend.
Blei . . .	Spur	
Eisen . .	31.37	
Gold. . .	4 17	
	100.00	

3. Von einer Vase. — Fundort wie Nr. 2, Kertsch. Viertes Jahrhundert vor Christus. Kleine Fragmente, Totalgewicht 0.160 Grm. Oberfläche schwarzgrau, brüchig, der Bruch röthlich, doch kaum durch Kupfer die Farbe bedingt.

Viel Chlorsilber, doch dessen Menge nicht gewichtlich bestimmt.

Silber . . .	98.65
Kupfer . . .	1.03
Blei. . . .	Spur
Gold . . .	0.32
	100.00

4. Von einem stabförmigen Geräthe. Fundorte etc wie Nr. 2, Kertsch. Totalgewicht 0.050. Enthielt Chlorsilber.

Silber . . .	86
Kupfer . . .	14
Gold. . . .	Spur
	100.00

5. Von einer Vase. — Von Nikopol am Dnjeper. Grab eines skythischen Königs. Viertes Jahrhundert vor Christus. Totalgewicht: 0.720 Grm. Etwa 0.5 MM. starkes Blech. Oberfläche grau, leicht brüchig, der Bruch durch die Masse silberweiss, durch Ammoniak 20.91 pCt. Chlorsilber ausziehbar.

Silber . . .	97.39
Kupfer . . .	2.21
Blei. . . .	0.23
Eisen . . .	Spur
Gold . . .	0.17
	100.00

6. Von einer Schüssel. — Fundort wie Nr. 5, Nikopol etc. Totalgewicht 0.576. 0.5 bis 0.7 MM. starkes Blechfragment, mit Spuren vertiefter Ornamente. Die Oberfläche hatte einen dünnen, grauen, leicht zu entfernenden Ueberzug, der aus Chlorsilber bestand, Bruch silberweiss, unter dem Mikroskope kleine Kügelchen zeigend. Auf der Oberfläche sass theilweise eine geringe Menge einer unschwer zu entfernenden Substanz, wohl von anderen zugleich mitvergrabenen Gegen-

ständen herrührend, welche Blei, Eisen und Kieselerde enthielt. Beim Lösen in Salpetersäure blieb Gold in mikroskopischen, metallisch glänzenden Blättchen zurück, was stets auf eine Vergoldung des Gegenstandes schliessen lässt, ist dieselbe auch sonst nicht zu erkennen. Chlorsilber Spur.

Silber . .	92.93
Kupfer . .	5.60
Blei . . .	0.07
Eisen . .	Spur
Gold. . .	0.50
	100.00

7. Von einer Vase. — Alexandropol am Dnjeper, Grab eines skythischen Königes. Viertes Jahrhundert vor Christus. Total: 0.820 Grm. Dünnes Blech, brüchig mit graubrauner Oberfläche. Der frische Bruch zeigte n. d. M. eine durchweg schwarze, aus mikroskopischen Kügelchen bestehende Masse. Ein Fragment, 0.140 Grm., mit Ammoniak vollständig, erschöpft, gab Rückstand, unlöslich in Ammoniak: 0.065, also noch durch die schwarze Substanz vertheiltes Chlorsilber 0.075. Der in Ammoniak unlösliche Rückstand war löslich in Salpetersäure bis auf eine Spur Gold. Es kann als Silberchlorür betrachtet werden, und es war mithin fast die ganze Menge des Silbers in Chlorverbindungen übergeführt. Es wurde im Ganzen erhalten.

Silber . . .	.55
Kupfer . .	1.00
Blei . . .	0.12
Eisen . . .	Spur
Gold . . .	0.33
	100.00

8. Von einem Becher. Bei Kertsch, griechische Gräber. Viertes Jahrhundert vor Christus. Total: 0.100.

Blech, mit grauer Oberfläche, doch nicht ganz ohne Metallglanz. Bruch silberweiss, glänzend, belichtet: im Innern kein Chlorsilber.

Ausser einer, vom grauen Ueberzuge der Oberfläche herrührenden Spur von Chlorsilber und Spuren von Gold und Blei, schien die Masse aus reinem Silber zu bestehen. Kupfer konnte nicht nachgewiesen werden.

9. Von einem Becher. Fundort wie Nr. 8 Kertsch etc. Total 0 200.

Dünne Blechfragmente, die, soviel an der kleinen Probe wahrgenommen werden konnte, mit vertieften Ornamenten versehen waren. Deutliche Spur von Vergoldung, und metallisch glänzende Goldblättchen im Rückstande der salpetersauren Lösung. Oberfläche grau, Bruch: in d. M. silberglänzend, feinkörnig, durch Belichtung sich nicht schwärzend. 5.98 pCt. Silber als Chlorsilber anwesend, wohl allein von der Oberfläche herrührend.

Silber . .	99.17
Kupfer . .	Spur
Blei . . .	Spur
Gold. . .	0.83
	100.00

10. Von einem Humpen. — Fundort wie Nr. 8—9. Kertsch etc. — Total 0.020. Konnte wegen geringer Quantität nicht genau untersucht werden. Unter dem Mikroskop: Oberfläche stark mit grauem Ueberzuge bedeckt, der Bruch feinkörnig (Kügelchen), silberweiss, dennoch waren etwa 75 pCt. des Silbers in Chlorsilber verwandelt. Kupfer konnte nicht nachgewiesen werden.

11. Von einem Armringe. — Bei Kertsch. Verschiedene Gräber, drittes oder zweites Jahrhundert vor Christus. Total 0.150. Graue, brüchige, leicht zu zerbröckelnde Fragmente von 1.0 bis 1.5 MM. Stärke. Aussen grau, auch im Bruche kaum metallischen Glanz. Alles Kupfer leicht durch Ammoniak ausziehbar. Silber als Chlorsilber vorhanden 62.73 pCt.

Silber . .	97.93
Kupfer . .	2.07
Blei . . .	Spur
Eisen . .	Spur
Gold. . .	Spur
	100.00

12. Von einem Armringe. — Fundort wie Nr. 11 Kertsch. Total: 0.130. Die einzelnen Fragmente brüchig, doch nicht so leicht zu zerbröckeln wie die vorige Nummer. N. d. M.: Theilweise mit Kupferoxydhydrat bedeckt, ein Theil des alten Bruches, schön dunkelgrün, kristallinisch, im frischen Bruche: braunroth, kristallinisch. Oberfläche schmutzig grau, durch Ammoniak nicht alles Kupfer vollständig ausziehbar. Silber als Chlorsilber vorhanden 82.8 pCt.

Silber . .	91.77
Kupfer . .	4.23
Blei . . .	Spur
Eisen . .	Spur
Gold . .	Spur
	100.00

13. Von Pferdeschmuck. — Fundort wie Nr. 11 und 12. Kertsch etc. Total: 0.050. N. d M. Oberfläche grau, doch theilweise mit metallischem Glanze. Alter Bruch: theilweise grünlicher Anflug. Frischer Bruch: hackig, blätterig, hier und da mit röthlichem Schimmer.

Etwa 25 pCt. Silber als Chlorsilber vorhanden. Kupfer anwesend, aber nicht genau bestimmbar. Scheint fast reines Silber.

14. Von einer Vase. — Nowotscherkask, in der Nähe des alten Tanais. Nicht über das zweite Jahrhundert vor Christus zurück

reichend. Total 1.80. Blechfragmente von verschiedener Stärke. Die dünneren Stücke mit brauner Oberfläche, doch nicht ohne metallischen Glanz, Bruch silberweiss, keine Zersetzungsschicht zu bemerken, die stärkeren Bleche waren mit einer dünneren Schicht von Chlorsilber überzogen und die Zersetzungsschicht deutlich zu erkennen, die aussen braune Schicht gegen innen dunkler werdend, in der Mitte silberweiss. Quantitativ wurden die dünneren Fragmente untersucht. Silber als Chlorsilber 1.0 pCt.

Silber . .	97.23
Kupfer . .	1.10
Blei . . .	0.97
Eisen . .	0.05
Gold . .	0.65
	100.00

15. Stlengis. (Kamm, als Kopfputz dienend?) — Bei Kertsch, griechisches Grab, letzte, vorchristliche Jahrhunderte. Total: 0.060. Unter dem Mikroskope: Oberfläche schmutzig grau, der alte Bruch: schwarz, bei frischem Bruche die Zersetzungsschicht zu bemerken, in Mitte metallischer Glanz. Es konnte kein Kupfer nachgewiesen werden. Die Substanz schien aus reinem Silber mit Spur Gold zu bestehen. Silber, als Chlorsilber: etwa 56 pCt.

16. Von einem Salbgefässe. Fundort wie Nr. 15. Kertsch etc. Total: 0.090.

Dünnes Blech. Oberfläche nur schwach angelaufen, und noch mit metallischem Glanze. Alter Bruch, eben so. Frischer Bruch: silberweiss, Zersetzungsschicht schwach, doch unter dem Mikroskope zu erkennen, aber noch mit metallischem Glanze. Kupfer war nachweisbar, ebenso Blei und Gold. Von Chlorsilber nur Spuren.

Die Substanz des Gefässes war mithin kaum zersetzt.

17. Von einem Kettchen desselben Salbgefässes. Kleines Drahtstückchen. Total 0.020. Oberfläche: graubraun, alter Bruch: hackig, buntfarbig angelaufen. Frischer Bruch: hackig, im Innern silberweiss, die Zersetzungsschicht gegen aussen ziemlich stark.

Die mit Ammoniak behandelten Fragmente wurden glänzend silberweiss, und es ergaben sich etwa 50 pCt. Chlorsilber. Gold war nachzuweisen. Kupfer aber nicht.

Es zeigten sich also hier, bei zwei unter ganz gleichen Verhältnissen vergrabenen Gegenständen, bedeutende Verschiedenheit der Zersetzung. Ist dies durch die Struktur, Draht, Blech, bedingt? Die geringe Menge der zu Gebote stehenden Substanz, erlaubt bezüglich der Zusammensetzung keine Vermuthung auszusprechen.

18. Von einer zum Theile geschmolzenen Stlengis. Fundort wie Nr. 15. 16. 17. Kertsch etc. Total 0.080. Oberfläche metallisch glänzend, das kleine Fragment hart und nicht zu zerbrechen. Keine Spur der Zersetzungsschicht, kein Chlorsilber. Die Substanz zeigte Spur von Gold, etwa 2.0 pCt. Kupfer, und scheint aus fast rei-

nem Silber zu bestehen. Es hing dem Fragmente ein, fast nur unter dem Mikroskope sichtbarer, silberglänzender, haarförmiger Gegenstand an, der sich mit Salpetersäure behandelt, krümmte, aber unlöslich war, und „den Eindruck eines sehr feinen Haares machte.“

19. Von einer Spange. Fundort wie Nr. 15—18. Kertsch. Total 0.045. Rundliches Fragment, auf einer Seite etwas metallischer Glanz, sonst grauschwarz. Gold nachzuweisen, Kupfer zweifelhaft, sonst bestand das Fragment aus Silber, von welchem 82.22 pCt. als Chlorsilber anwesend.

20. Vom Ueberzuge eines Armringes aus Bronze. Fundort wie Nr. 15—19. Kertsch. Total 0.095. Etwa 0.5 bis 0.7 MM. starke, blechförmige Fragmente. Oberfläche grau. Am alten Bruche die Zersetzungsschicht grau, unter dieser eine metallglänzende und dann, wohl nach der Seite der Bronze hin, eine schwarze Schicht. Am frischen Bruche war das kaum zu bemerken, er ist hackig, metallglänzend und unter dem Mikroskope finden sich einzelne grüne Stellen eingemengt. Gold war nachzuweisen. Kupfer ziemlich viel, als Chlorsilber war Silber anwesend 21.05 pCt.

21. Von einem Ohrringe. Vom alten Olbia, vorchristliche Zeit. Total: 0.100.

Blechstücke von etwa 0.5 bis 0.6 MM. Stärke. Oberfläche metallisch, theilweise mit röthlichem, eisenoxydähnlichem, schwachem Ueberzuge. Alter Bruch: silberweiss, Zersetzungsschicht kaum zu bemerken. Gold in metallischen glänzenden Blättchen, welchen eine Spur von Chlorsilber anhing. — Der Gegenstand war also wohl vergoldet.

Silber . .	95.70
Kupfer . .	1.10
Blei . . .	Spur
Eisen . .	Spur
Gold . .	3.20
	100.00

22. Von einem Beschlägestück. Fundort wie Nr. 21. Olbia etc. Total 0.120 Grm.

Fragment, an einigen Stellen 1.0, an andern 0,5 MM. Stärke. Oberfläche mit grauem Ueberzuge. Alter Bruch: grau, erdig. Frischer Bruch: verschiedene dünne Schichten zeigend, grau, metallisch glänzend, rein silberweiss, goldfarbig. Diese Schichten brachten den Eindruck hervor, als seien verschiedene dünne Metallblättchen zusammengepresst. Bei der Behandlung mit Salpetersäure zeigte sich wirklich ein Goldblättchen, ähnlich wie bei der vorigen Nummer, von 0.005 Grm. Gewicht. Silber fand sich als Chlorsilber 5.37 pCt.

Silber . .	93.83
Kupfer . .	1.81
Blei . . .	0.19
Eisen . .	Spur
Gold . . .	4.17
	100.00

23. Von einem Armringe. Verschiedene Gräber bei Kertsch, wahrscheinlich aus vorchristlicher Zeit, Total: 0.035. Fragment von etwa 0.5 MM. Oberfläche graubraun, hier und da Spuren grünlichen Anfluges. Alter und frischer Bruch fast gleich, grau und ohne allen Glanz. Unter dem Mikroskope zeigten sich nach der äusseren graubraunen Lage, eine helle graue und eine fast schwarze. Es konnte ausser Silber kein anderer Körper nachgewiesen werden. Als Chlorsilber vorhanden waren 71.3 pCt. Silber.

24. Von einem Spiegel. Fundort wie Nr. 23, Kertsch etc. Total 0.055.

Mehrere kleine Fragmente, theilweise stark mit einem grünlichen Ueberzuge bedeckt. Mit Nichtbeachtung dieses Ueberzuges hatten die Fragmente etwa 0.4 bis 0.5 MM. Stärke. Die Oberfläche, wo nicht mit dem grünem Ueberzuge bedeckt: grau. Frischer Bruch: röthlichweiss. Alter Bruch: ebenso, doch etwas bunt angelaufen, am frischen Bruche höchst dünn die Zersetzungsschicht zu bemerken.

Dieser grüne Ueberzug bestand zum grössten Theile aus Kupfer, in dem von demselben durch Ammoniak befreiten Fragmente wurden für die ganze angewendete Menge von 0.055 Grm. 57 pCt. Zinn erhalten. Gold, Blei und Silber konnte nicht nachgewiesen werden, Kupfer nur als Spur.

Es scheint demnach das Kupfer durch Zersetzung an die Oberfläche getreten, und zum Theile verloren gegangen zu sein, und ebensowohl auch andere, ursprünglich in der Legirung vorhandene Metalle, da die Menge des Zinnes, gegen früher mit antikem Spiegelmetall vorgenommene Analysen, zu hoch erscheint. Es würde sich hier ergeben

Kupfer . . .	43
Zinn	57
	100

In anderem Spiegelmetall wurde gefunden:

I. Spiegel aufgefunden ohnweit Mainz. Souchoy.
II. Spiegel aus einem Grabe bei Turin Fellenberg.
III. Spiegel ohnweit Chur Bibra.
IV. desgleichen: Bibra.

	I.	II.	III.	IV.
Kupfer	63.39	67.98	71.60	64.46
Zinn	19.05	24.48	22.73	28.36
Zink	—	—	0.27	—
Blei	17 29	7.12	4.80	7.13
Eisen	—	0.05	0.10	Spur
Nickel	—	0.37	0.50	0.05
	99.73	100.00	100.00	100.00

Silber wurde also auch in diesen Spiegelmetallen nicht aufgefunden, und auch die mir bekannten Analysen neuer Metallspiegel zeigen dessen Abwesenheit an.

25. Von einem Becher. I. Fundort wie Nr. 23, Kertsch etc. Total 0.205.

Fragment von etwa 0.6 MM. Stärke. Die Oberfläche graubraun, im alten Bruche die gleiche Farbe. Neuer Bruch im Innern: silberglänzend, hackig, doch das Fragment leicht zu zerbrechen. Die Zersetzungsschicht ziemlich stark, und graubraun gefärbt. Silber vorhanden als Chlorsilber 65.85.

Silber . . .	96.64
Kupfer . . .	2.30
Blei . . .	0.72
Eisen . . .	Spur
Gold . . .	0.34
	100.00

26. Von einem Becher. II. Fundort wie Nr. 23, Kertsch etc. Total: 0.150.

Oberfläche metallisch, hie und da mit einem hellgrauen Ueberzuge bedeckt. Alter Bruch durchweg metallisch angelaufen. Frischer Bruch graubraune und metallisch glänzende Schichten wechselnd. An den Aussenflächen die Zersetzungsschicht zu erkennen. Das etwa 1.5 MM. starke Fragment war stark brüchig, und schien aus mehreren, vereinigten dünneren Blechen zu bestehen. Das Gold blieb in der Salpetersaure in Form dünner, metallisch glänzender Blättchen zurück. Silber als Clorsilber 66.66.

Silber . . .	88.10
Kupfer . . .	5.32
Blei . . .	Spur
Eisen . . .	Spur
Gold . . .	6.58
	100.00

27. Von einem Beschlägstücke. Fundort wie Nr. 23. Kertsch etc. Total: 0.070.

Dünnes Blech, Oberfläche graubraun, theilweise mit einem Ueberzuge von Eisenoxyd. Alter Bruch grau, frischer Bruch n. d. M. starke graue Zersetzungsschicht, im Innern: schwache, stark silberglänzende Schicht. Gold, Kupfer, Blei nachweisbar. Als Chlorsilber vorhanden 42.85 Silber.

28. Von Pferdeschmuck. I. Fundort wie Nr. 23. Kertsch etc. Total: 0.320.

Fragmente von 0.8 MM. Oberfläche: grauschwarz. Alter Bruch: metallisch, mit röthlichem Glanze. Frischer Bruch: silberweiss, die Zersetzungsschicht kaum zu bemerken, doch stark brüchig. Chlorsilber nur Spuren.

Silber . . .	89.81
Kupfer . . .	3.21
Blei . . .	0.31
Eisen . . .	Spur
Antimon . .	0.43
Gold . . .	6.24
	100.00

Der überwiegende Theil des Goldes fand sich wieder in Form von dünnen, goldglänzenden Blättchen, also Vergoldung. Als der Legirung angehörig, als schwarzes Pulver, nur etwa 0.30 pCt.

29. Von Pferdeschmuck. II. Fundort wie Nr. 13. Kertsch etc. Total: 0.300.

Zwei Fragmente, das eine etwa 0.5 MM. stark, das andere schien aus einem, aber wohl schon zur Zeit des Versenkens in die Erde, zusammengebogenen Stücke derselben Probe zu bestehen, so dass es die doppelte Stärke hatte, Spuren eingepresster Ornamente. I. Oberfläche: röthlichgrau; alter Bruch: grauschwarz, frischer Bruch: silberweiss. Die Zersetzungsschicht kaum zu bemerken. II. Im alten Bruche ebenfalls grauschwarz, beim frischen Bruche zeigte die Zersetzungsschicht von aussen grau, gegen innen schwarz werdend und eine schwache silberglänzende Schicht einschliessend. Beide Proben zusammen untersucht ergaben: Silber als Chlorsilber vorhanden: 20.06 pCt.

Silber . . .	91.97
Kupfer . . .	4.70
Blei, Eisen . .	Spur
Gold . . .	3.33
	100.00

Das Gold abermals in metallisch glänzenden zusammenhängenden Blättchen in der Salpetersäure rückständig.

30. Von einem Siebe. I Bei Kertsch, verschiedene Gräber, wahrscheinlich aus vorchristlicher Zeit Total: 0.150.

Die schwach röthlich gefärbte Oberfläche hatte ein unebenes Ansehen, scheinbar geschmolzen. Alter Bruch: Farbe wie die Oberfläche, hackig, frischer Bruch: hackig, silberweiss mit schwach röthlichem Schimmer. Zersetzungsschicht kaum zu bemerken. Die zwei 0.5 bis 0.6 MM. starken Fragmente gehörten zu den wenigen der erhaltenen Proben, welche fest, zähe und nicht brüchig waren. Durch Ammoniak wurde weder Kupfer noch Chlorsilber ausgezogen. Es wurde erhalten:

Silber . . .	97.90
Kupfer . . .	0.73
Blei . . .	0 90
Eisen . . .	0.17
Gold . . .	0.30
	100.00

31. Von einem Siebe. II. Fundort wie Nr. 30. Kertsch etc Total 0.160.

Fragmente von 0.5 bis 0.6 MM. Stärke. Oberfläche braun mit röthlichem Schimmer. Alter Bruch: körnig, Farbe wie die Oberfläche, nicht spröde; frischer Bruch: silberweiss, körnig, Zersetzungsschicht kaum zu bemerken. Durch Ammoniak war weder Kupfer noch Chlorsilber auszuziehen.

Silber . . .	97.65
Kupfer . . .	1.43
Blei . . .	0.50
Eisen . . .	Spur
Gold . . .	0.42
	100.00

32. Von einem Fingerringe. Fundort wie Nr. 30. Kertsch etc. Total: 0.100.

Der Ring mochte etwa 3.0 MM. breit gewesen sein, und hatte 1.5 Stärke. Oberfläche braun, stellenweise mit metallischem Glanze, und hie und da mit einem weisslichen erdigen Ueberzuge bedeckt. Alter Bruch: bunt angelaufen, doch Spur metallischen Glanzes. Frischer Bruch: silberweiss. Die Zersetzungsschicht deutlich mit grauer Farbe zu bemerken. Kupfer wurde durch Ammoniak ausgezogen. Als Chlorsilber war Silber anwesend 15.0 pCt. Der grösste Theil des Goldes in goldglänzenden Blättchen rückständig in der Salpetersäure. Also Vergoldung.

Silber . . .	91.90
Kupfer . . .	4.10
Gold . . .	4.00

Blei und Eisen war nicht nachzuweisen.

33. Von der Fassung eines goldenen Pferdeschmuckes. Fundort wie Nr. 30. Kertsch etc. Total: 0 280.

Unregelmässige Fragmente von verschiedener Stärke 2.0 bis 0.5 MM. Die Oberfläche braun, zum Theile mit einem erdigen, nicht vollständig zu entfernendem Ueberzuge bedeckt. Im alten und frischen Bruche grau oder weisslich, nicht metallisch glänzend, u. d. M. an einigen Stellen kristallinische Struktur, den Eindruck wie Kalkspath machend.

Kupfer und Blei konnte nicht nachgewiesen werden, durch Ammoniak wurde aber viel Chlorsilber ausgezogen.

Es wurden erhalten 23.97 Silber, dann 18.60 als Chlorsilber. Der Rest bestand aus Erden, Kalkerde, Kieselerde, Thonerde und wohl auch Wasser, welches indessen nicht bestimmt wurde. Es hat den Anschein, als seien, bereits nach der Umsetzung des Silbers in Chlorsilber, kalkerdehaltige Wasser in das letzte eingedrungen.

34. Von einer Büchse. Fundort wie Nr. 30. Kertsch etc. Total: 0.205.

Blechstück. Die Oberfläche auf einer Seite graubraun, auf der andern metallisch mit schwach röthlichem Glanze. Alter Bruch: eben so. Frischer Bruch: silberweiss. Zersetzungsschicht nicht zu bemerken. Blei und Eisen war nicht nachzuweisen, Chlorsilber: nicht anwesend.

Silber . . .	97.72
Kupfer . . .	1.73
Gold . . .	0.55
	100.00

35. Von einem Gefässe. Bei Kertsch. Erstes Jahrhundert nach Christus. Total: 0.010.

Oberfläche und alter Bruch, stellenweise schwärzlich angelaufen. Frischer Bruch: silberweiss. U. d. M. Die Zersetzungsschicht kaum zu erkennen. Ammoniak löste weder Kupfer noch Chlorsilber. Ausser Spuren von Gold war, der geringen Menge wegen, ausser Silber sonst kein Körper nachzuweisen.

36. Von einer Schale. Römisch. Erstes Jahrhundert nach Christus. Total 0,022. Fragment von etwa 0.3 MM. Stärke.

Oberfläche graubraun, mit metallischem Glanze. Auf einer Seite Reste von Vergoldung. Alter Bruch fast schwarz. Frischer Bruch: silberweiss, doch wenig glänzend. Zersetzungsschicht gering, aber an der vergoldeten Seite stärker. Der frische Bruch belichtet, färbte sich dunkler, es scheint also die Umsetzung in Chlorsilber sich durch die ganze Masse erstreckt zu haben. Durch Ammoniak war Kupfer und Chlorsilber auszuziehen, und als letzteres waren 30.80 pCt. Silber anwesend. Gold war zu erkennen.

37. Von einem Gefässe. Gefunden bei Donetz. Skythisches Grab, erstes Jahrhundert nach Christus. Total 0.130.

Oberfläche: schwärzlich. Alter Bruch: schwärzlich, theilweise kupferroth, frischer Bruch silberweiss. Zersetzungsschicht: nicht zu bemerken. Gefunden wurden 0.87 pCt. Gold. Nachweisbar waren Kupfer, Blei und Spuren von Chlorsilber. Der quantitative Versuch verunglückte.

38. Von einem Gefässe. Grab bei Kertsch, erstes oder zweites Jahrhundert nach Christus. Total: 0.640. Blechfragmente von 0 3 bis 0.4 Stärke. Oberfläche graubraun, theilweise mit erdigem Ueberzuge. Alter Bruch: röthlich, metallisch glänzend. Frischer Bruch: silberweiss. Zersetzungsschicht ziemlich stark, gegen Innen dunkler werdend, aber auf einer Seite stärker als auf der anderen. Kupfer konnte durch Ammoniak nicht ausgezogen werden, aber 8.22 pCt. Silber als Chlorsilber.

Silber . . .	98.31
Kupfer . . .	1 00
Blei. . . .	0.31
Eisen . . .	Spur
Gold . . .	0.38
	100.00

39. Von einer Schale. Fundort wie Nr. 38. Kertsch etc. Total: 0.070.

Bruchstücke von 0.8 MM. Stärke. Oberfläche schwarz. Alter Bruch: röthlich angelaufen, metallisch. Frischer Bruch: silberweiss, feinkörnig, höchst brüchig. Zersetzungsschicht, nicht zu bemerken.

Chlorsilber wurde durch Ammoniak nicht ausgezogen, auch kein Kupfer, doch war letzteres, sowie Gold nachweisbar.

40. Von einer Schale. Gefunden in der Moldau am Pruth, zweites oder drittes Jahrhundert nach Christus. Total 0.060.

Oberfläche: schwarz angelaufen. Alter Bruch: ebenso. Frischer Bruch: silberweiss, wenig brüchig. Zersetzungsschicht: ungleich gegen das Innere vordringend, aber an allen Stellen zu bemerken.

Durch Ammoniak wurde Kupfer ausgezogen, von welchem verhältnissmässig ziemlich viel anwesend zu sein schien. Silber fand sich als Chlorsilber vor 10.70 pCt. Gold war nachweisbar.

41. Von einer Zierrath. Gefunden bei Taganrog, etwa drittes Jahrhundert nach Christus. Total 0.370. 1.5 MM. starkes Fragment. Oberfläche: graubraun. Alter Bruch ebenso. Frischer Bruch: im Innern weisse metallische Schicht mit bläulichem Schimmer. Zersetzungsschicht stark und auf beiden Seiten stärker, als der metallische Kern. Ammoniak zog Kupfer und Chlorsilber aus, doch nur wenig das erstere. Nachdem Ammoniak nichts mehr auszog, blieb ein schwarzer, zerreiblicher Rückstand, welcher unter dem Mikroskope silberglänzende Blättchen zeigte, gegen die schwarze Substanz indessen nur in geringer Menge. In Salpetersäure löste sich rasch alles, bis auf eine geringe Menge von Gold.

Der schwarze nur in Salpetersäure lösliche Rückstand war vollständig frei von Schwefelsäure und die Lösung verhielt sich als reines Silber. Ohne Zweifel bestand er zum grössten Theile aus Silberchlorür und noch beigemengtem metallischen Silber, in Form der erwähnten Blättchen.

Die innere, vorher glänzende Schicht war also, scheinbar wenigstens, durch die Behandlung mit Ammoniak in ein schwarzes Pulver verwandelt worden, in Silberchlorür, für welches man Ag_2 Cl. angenommen hat. Ich habe auf die geringen Mengen von Kupfer und auf Spuren von Blei keine Rücksicht genommen, und nur die Mengen des Silbers zusammengestellt, welche sich in den beiden erwähnten Formen vorfanden.

Auf diese Weise ergiebt sich:
Silber, in Chlorverbindung löslich in Ammoniak, AgCl. 63.39.
Silber, unlöslich in Ammoniak, löslich in Salpetersäure, Ag_2 Cl. (?) 36.19. Gold, 0.42.

42. Von einem Stabe. Gefunden im Gouvernement Kasan, neuntes oder zehntes Jahrhundert nach Christus.

Grösseres, mehrere Grms. schweres Stück, scheinbar geschmolzen. Die Oberfläche silberweiss, nur hier und da mit gelblichen Anfluge und ebenso an einigen Stellen grünlich angelaufen. Das Stück wurde durch die Feile rein silberglänzend, eine Zersetzungsschicht liess sich mit Ausnahme der schwachen Färbungen an der Oberfläche nicht bemerken, doch wurde durch Ammoniak eine Spur von Chorsilber ausgezogen und ebenso Kupfer, wie dies der Fall bei allen unzersetzten kupferhaltigen Silberlegirungen

Es wurde erhalten:

Silber	. .	84.43
Kupfer	. .	8.51
Blei	. .	6.49
Eisen	. .	0.14
Zinn	. .	Spur
Gold	. .	0.43
		100.00

43. Von Pferdeschmuck. Gefunden im Gouvernement Woronesch, nicht später als neuntes oder zehntes Jahrhundert nach Christus. Total 0.190.

Fragmente von 0.2 bis 0.3 MM. Stärke, nicht brüchig, Oberfläche metallisch nur schwach angelaufen. Alter Bruch ebenso. Frischer Bruch silberweiss, einzelne Lagen zu bemerken, scheinbar aus mehreren ganz dünnen Blechen zusammengesetzt, wenigstens zeigten u. d. M. die einzelnen Lagen verschiedene Struktur. Eine Zersetzungsschicht kaum zu bemerken. Ammoniak zog Kupfer aus, aber kein Chlorsilber.

Es wurde gefunden:

Silber	. .	91.30
Kupfer	. .	5.77
Eisen	. .	2.73
Gold	. .	0.20
		100.00

Blei konnte nicht gefunden werden.

44. Von einem Halsringe. (?) Gefunden im Gouvernement Smolensk, zusammen mit kufischen Münzen des zehnten Jahrhunderts nach Christus. Total 0.520.

Starker Draht. Oberfläche: fast blank. Alter Bruch: mehr als die Oberfläche angelaufen und farbig. Frischer Bruch: silberweiss, aber leicht brüchig. Zersetzungsschicht keine zu bemerken. Durch Ammoniak kein Kupfer und kein Chlorsilber zu erhalten.

Silber	. .	96.93
Kupfer	. .	2 76
Blei	. .	Spur
Eisen	. .	Spur
Gold	. .	0.31
		100.00

45. Vom Pferdeschmuck. Gefunden im Gouvernement Rjasan, zehntes oder elftes Jahrhundert nach Christus. Total 0.250

Dünne Blechfragmente etwa 0.3 MM. stark, mit Verzierungen, die Oberfläche schwärzlich. Alter Bruch buntfarbig angelaufen, frischer Bruch silberglänzend, die Fragmente stark brüchig. Zersetzungsschicht nicht wahrzunehmen.

Ammoniak löste weder Chlorsilber noch Kupfer, was, wegen der bedeutenden Menge von Kupfer welche gefunden wurde, auffällig.

Silber	. .	18.71
Kupfer	. .	77.70
Blei	. .	2.11
Eisen	. .	0.44
Gold	. .	1.04
		100.00

46. Von einer Zierrath. Gefunden im Gouvernement Wladimir, ebenfalls elftes oder zwölftes Jahrhundert nach Christus. Total 0.180. Etwa 0.3 MM. starke Blechfragmente, Oberfläche fast blank. Alter Bruch ebenfalls mit Metallglanz. Frischer Bruch silberweiss, höchst feinkörnig und das Fragment zähe und nicht im mindesten brüchig. Zersetzungsschicht keine.

Durch Ammoniak wurde kein Chlorsilber, aber, trotz der anwesenden geringen Menge von Kupfer, dennoch Spuren desselben aufgelöst. Ebenfalls abnorm erscheint der verhältnissmässig starke Nickelgehalt.

Silber	. .	96.80
Kupfer	. .	0.73
Blei	. .	— —
Eisen	. .	0.10
Nickel	. .	2.10
Gold	. .	0.27
		100.00

Betrachtet man nun die vorstehende Reihe der Russischen Silberfunde bezüglich ihrer qualitatven und quantitativen Bestandtheile, so ergeben sich in ersterer Beziehung wieder dieselben Substanzen wie sie in Münzen und Geräthen älterer und neuerer Zeit gefunden wurden, nämlich Blei, Eisen und Gold, als unabsichtlich, und ohne Zweifel als Begleiter der Silbererze anzunehmen.

Was Blei und Eisen betrifft, so wurden ausnahmsweise dieselben nicht gefunden in den Nummern 32. 33. 34, sämmtlich aus verchristlichen Gräbern bei Kertsch stammend, und es mag für diese Fälle vielleicht eher auf zufällige, besondere Reinheit der Silbererze, (vielleicht gediegen Silber,) als auf die Sorgfältigkeit bei der Darstellung des Silbers selbst zu schliessen sein, und der gleiche Schluss ist wohl auch, bezüglich des fehlenden Bleies, bei Nummer 43 anzunehmen.

Die grosse Menge von Eisen, 31.37 pCt. bei Nummer 2, einem Helme, ist dem anhaftenden und mechanisch nicht vom Silber zu trennenden Eisen zuzuschreiben, und kaum einem absichtlichen Zusatze von Eisen, um das Waffenstück besonders hart zu machen.*)

*) Ein Silberbarren von 994 Tausendtheilen Feingehalt zeigte so grosse Härte, dass man daraus Messerklingen und Raspeln verfertigen konnte. Barruel fand, dass darin 3½ Tausendtheile Eisen, 2 Tausendtheile Kobalt und ½ Tausendtheile Nickel enthalten waren. Dieselben Eigenschaften zeigte eine Legirung, welche die drei Metalle zu gleichen Theilen enthielt. — Handwörterbuch der reinen und angewandten Chemie, v. Liebig, Poggendorf und Wöhler. 1859. Band 7, p. 951.

Das Gold welches mit wenig Ausnahmen in allen bisher von mir untersuchten Silber-Legirungen gefunden wurde, kann fast stets als Vergoldung angenommen werden, wenn es in der salpetersauren Lösung in Form von glänzenden, zusammenhängenden Blättchen zurückbleibt, war diese Vergoldung bei dem untersuchten Stücke vorher auch nicht wahrzunehmen. Seine Menge ist dann stets auch eine grössere, als die gewöhnlich in den Legirungen gefundene, wo es als schwarzes nur in Salpetersalzsäure lösliches Pulver auftritt. Die bei Nummer 1 gefundene bedeutende Menge von Gold, 5.64 pCt., ist eine zufällige, da der untersuchte Regulus seine Entstehung ohne Zweifel dem Zusammenschmelzen verschiedener Gegenstände verdankt.

Abermals als zufällig, oder wenigstens kaum zu beachtende Beimengung ist das bei Nummer 28 gefundene Antimon und der Nickelgehalt von Nummer 46 zu betrachten. Indessen ist für diesen Letzten die bei den römischen Münzen ausgesprochene Ansicht nicht gültig, dass das Nickel durch das Kupfer in die Legirung gekommen, da dieses Metall in allzugeringer Menge, 0.73 pCt., anwesend.

Bezüglich des Kupfers und des Feingehaltes der Legirungen so tritt es deutlich zu Tage, dass die geringen Mengen von Kupfer welche in denselben gefunden wurden, bei der überwiegenden Zahl derselben kein absichtlicher war, und dass man reines Silber darzustellen und zu verwenden suchte. Das mag wohl mit Sicherheit angenommen werden bei allen Proben, bei welchen die Menge des Kupfers 2 pCt. nicht, oder nur über ein geringes, übersteigt.

In einigen Gegenständen war gar kein Kupfer nachzuweisen, bei mehreren der späteren Nummern, nachchristlicher Zeit, treten dann wieder grössere Mengen auf.

Indessen geht aus einem grossen Theile der Analysen hervor, dass einige Völker bereits in jener alten Zeit, wenngleich nur auf empirischem Wege, es ziemlich gut verstanden, reines Silber darzustellen.

Was die Art und Weise der Zersetzung anlangt, welche die untersuchten Gegenstände erlitten, so spielen bei denselben die Chlorverbindungen die vorzüglichste Rolle.

Chlorsilber, löslich in Ammoniak, wurde, wenigstens auf der Oberfläche der Fragmente, fast bei allen Gegenständen gefunden.

Die oben angegebenen Zahlen bestimmen häufig, und wo es thunlich war, dessen Menge, welche nicht selten eine bedeutende ist und öfters zwei Drittel des ganzen Silbergehaltes beträgt, aber auch bei ziemlich gleicher Menge von vorhandenem Chlorsilber ist dennoch das Aussehen der Stücke öfters ein ganz verschiedenes.

Der frische Bruch zeigt auf den Aussenflächen die Zersetzungsschicht, die ersichtlich aus Chlorsilber besteht, der Kern ist silberweiss, ist aber dennoch mit beträchtlicher Menge von Chlorsilber durchsetzt, welches durch Ammoniak ausgezogen wird, und sich durch Schwärzung kund giebt, wenn der vorher weisse, frische Bruch dem Lichte ausgesetzt wird.

In anderen Fällen ist die Substanz durch die ganze Masse grau, dennoch aber nicht vollständig in Chlorsilber verwandelt, während bei vielen anderen Stücken blos die Oberfläche bis auf eine gewisse Tiefe in Chlorsilber verwandelt erscheint.

Fast allenhalben aber ist im frischen Bruch die Zersetzungsschicht angedeutet, wenngleich mehr oder weniger stark ausgesprochen.

Dass dieses Chlorsilber, in den in Rede stehenden Ausgrabungen, durch Chloride enthaltende Wasser bedingt ist, liegt wohl ausser Zweifel und auch der Kupfergehalt der Legirungen spielte hierbei zuverlassig eine Rolle, äquivalent mit diesem Kupfergehalte ist aber die Menge des Chlorsilbers nicht, was aber nach der oben angegebenen Ansicht Schertels, auch nicht nöthig erscheint.

Der geringe Chlorsilbergehalt, den die oben besprochenen, noch heute coursirenden Münzen ergeben, verdankt, wie ich bereits aussprach, den im Schweisse enthaltenen Chloriden seinen Ursprung, die geringe Menge dieses Chlorsilbers reicht natürlich nicht hin diese Münzen brüchig zu machen, wie solches fast bei allen der untersuchten Gegenstände der russischen Reihe der Fall war.

Dass hierbei die Struktur vollständig verändert wird, kann nicht auffällig erscheinen, wenn man erwägt, dass eine ähnliche, vollkommene Veränderung an Struktur schon allein durch fortgesetzte mechanische Einwirkung, durch Erschütterung, bei dem Schmiedeeisen der Locomotiven und Eisenbahnwagen ebenfalls getroffen wird.

Vielleicht aber hat auch auf der anderen Seite die ursprüngliche Struktur einen gewissen Einfluss auf diese grössere oder geringere Zersetzung des Metalles selbst. Angedeutet ist dies wenigstens durch die Nummer 16 und 17, wie bereits oben bemerkt wurde

In seltenen Fällen zeigten, bei grossem Feingehalte der Legirungen, dieselben dennoch, im frischen Bruche, eine röthliche Farbe. Es mag sein, dass diese Farbe durch einen durch die Masse vertheilten Gehalt von Kupferoxydul bedingt ist, eine Färbung, welche die Japanesen absichtlich durch Zusatz von Kupferoxydul hervorrufen.

Dass sowohl auf der Oberfläche der untersuchten Gegenstände, als auch auf altem Bruche, und, in einzelnen Fällen, auch schichtenweise im Innern der Fragmente, geschwärztes Chlorsilber, Silberchlorür gefunden wurde, habe ich bereits bemerkt, aber ich wiederhole hier, dass ich zur Zeit mit Versuchen über diesen Körper beschäftigt bin, und dass es mir vielleicht später vergönnt sein mag, mich näher über denselben auszusprechen.

Made in the USA
Monee, IL
04 November 2026

67387456R10046

Jessica Plöger

Neoklassische Kapitalmarkttheorie und Behavioral Finance

igel Verlag
RWS

Plöger, Jessica: Neoklassische Kapitalmarkttheorie und Behavioral Finance, Hamburg, Igel Verlag RWS 2014

Buch-ISBN: 978-3-95485-117-1
PDF-eBook-ISBN: 978-3-95485-617-6
Druck/Herstellung: Igel Verlag RWS, Hamburg, 2014

Bibliografische Information der Deutschen Nationalbibliothek:
Die Deutsche Nationalbibliothek verzeichnet diese Publikation in der Deutschen Nationalbibliografie; detaillierte bibliografische Daten sind im Internet über http://dnb.d-nb.de abrufbar.

Hermannstal 119k, 22119 Hamburg
http://www.diplomica.de, Hamburg 2014
Printed in Germany

Inhaltsverzeichnis

1. Einleitung

1.1 Zielsetzung der Arbeit und Relevanz

An den Finanzmärkten kommt es immer wieder zu ungewöhnlichen und unvorhergesehenen Marktbewegungen, wie die Kursblase am Neuen Markt Ende der 1990er, die sich durch rapide und besonders starke Aktienkursanstiege auszeichnete, die wenige Jahre darauf allerdings platzte und den ebenso schnellen und starken Abfall der Kurse mit sich brachte. Die herrschende finanzwirtschaftliche Theorie, in Form der neoklassischen Kapitalmarkttheorie, erklärt ein solches Phänomen mit einer „(...) abrupten, besonders signifikanten und im Voraus nicht antizipierbaren Verschlechterung der fundamentalen Rahmenbedingungen (...)".[1] Der zunächst starke Anstieg der Kurse kann rational begründet werden mit der korrekten Einschätzung der Verteilung der möglichen Umweltzustände. Die Kursabfälle werden dann auf den sich einstellenden, besonders ungünstigen Umweltzustand, aus der Menge aller möglichen Umweltzustände, zurückgeführt. Doch sind diese Begründungen in der Realität haltbar? So waren die Kursanstiege im Neuen Markt absurd hoch und hätten selbst mit den optimistischsten Prognosen kaum vorhergesagt werden können.[2]

Untersuchungen die zum Börsencrash am Aktienmarkt der USA im Jahr 1987 gemacht wurden, zeigten, dass drei Viertel der Befragten fundamentale Bewertungsmodelle für diesen Crash für ungeeignet hielten und statt dessen psychologische Erklärungsmodelle vorziehen würden. Aber nicht nur solche gravierenden Marktbewegungen weisen auf den Einfluss von Faktoren hin, die neben den fundamentalen Informationen Einfluss auf die Aktienpreisbildung haben.[3] Auch kleine Phänomene, wie der Januar-Effekt, der die Beobachtung beschreibt, dass große Teile der Überrenditen, die von kleineren Unternehmen mit niedriger Marktkapitalisierung erreicht werden, innerhalb der ersten zwei Wochen im Januar entstehen, deuten dieses an.[4] Diese und andere beobachtete Phänomene gaben einigen Wirtschaftswissenschaftlern und Psychologen den Anlass, psychologische Einflüsse auf die Preisbildung an Finanzmärkten zu untersuchen und verhaltenswissenschaftliche Erkenntnisse in die Modellbildung einzubeziehen. Aus diesen Bemühungen heraus entstand die Behavioral Finance. Daraus ist bis heute ein eigenständiger Forschungszweig geworden, der sich allerdings fortwährend mit der Kapitalmarkttheorie misst, da er die eigenen Erkenntnisse denen der Kapitalmarkttheorie gegenüberstellt, um die herrschende Theorie damit zu

---

[1] Garz/ Günther/ Moriabadi, 2004, S. 129
[2] vgl. Garz/ Günther/ Moriabadi, 2004, S. 219
[3] vgl. Müller, 2003, S. 104f
[4] vgl. Kottke, 2005, S. 17

widerlegen. Die Behavioral Finance versucht damit mehr Realitätsnähe in die Preisbildungsmodelle einzubringen, indem die sehr restriktiven Annahmen bezüglich der Rationalität des Investors und der Effizienz der Märkte der Kapitalmarkttheorie widerlegt und durch realistischere Annahmen ersetzt werden.

Innerhalb dieser Arbeit soll untersucht werden, welche Gründe es für das Entstehen und die Entwicklung der Behavioral Finance gibt und ob die Zweifel, die sie an der Kapitalmarkttheorie aufkommen lässt, begründet sind. Zudem soll geprüft werden, ob es durch die Entstehung der Behavioral Finance zu Entwicklungen innerhalb der neoklassischen Theorie kommt, oder ob deren Erkenntnisse durch die Vertreter der Kapitalmarktheorie vollständig angelehnt werden. Zielsetzung der Arbeit ist es, den Stand der jeweiligen Forschung zu untersuchen und die Haltung der jeweiligen Vertreter gegenüber dem alternativen Wissenschaftszweig zu ergründen. Insgesamt soll geprüft werden, ob die Behavioral Finance zum heutigen Zeitpunkt bereits eine adäquate Alternative zur Kapitalmarkttheorie darstellt und ob sich beide Ansätze miteinander vereinbaren lassen.

Das Thema ist relevant aufgrund der begrenzten Möglichkeiten der Kapitalmarkttheorie, ungewöhnliche Finanzmarktbewegungen zu prognostizieren. Zudem führt die wachsende Akzeptanz von psychologischen Begründungen für unvorhergesehene Ereignisse zu einem fortwährenden Anstieg der Bedeutung der Behavioral Finance.[5]

1.2 Aufbau der Arbeit

Aufgrund der Zielsetzung der Arbeit, die neoklassische Kapitalmarkttheorie und die Behavioral Finance gegenüberzustellen, und zu prüfen, ob diese Wissenschaftszweige vereinbar sind, sollen zu Beginn der Arbeit beide Zweige dargestellt und besonders die Behavioral Finance näher betrachtet werden.

Im zweiten Abschnitt wird deshalb zuerst die ursprüngliche Form der Kapitalmarkttheorie aufgezeigt. Das der Theorie zugrundeliegende Menschenbild ist das des rationalen Investors, der rational denkt und handelt. Da die Behavioral Finance die Rationalität der Investoren an den Finanzmärkten angreift und in Frage stellt, soll zuerst darauf eingegangen werden, warum die Kapitalmarkttheorie dieses Menschenbild benutzt, wie es definiert ist und warum sie daran festhält. Dazu wird aufgezeigt, was Rationalität bedeutet und welche Voraussetzungen ein Investor erfüllen muss, um als rational zu gelten. Eine wichtige Rolle nehmen dabei die Präferenzen des Investors ein, die aus Sicht der Neoklassik den von Neumann und Morgenstern Axiomen folgen. Weiterhin soll das Bayes-Theorem aufgezeigt werden, da es

[5] vgl. Stracca, 2004, S. 374f

ebenfalls eine wichtige Grundannahme rationalen Verhaltens darstellt. Im Anschluss daran wird gezeigt, welche Arten von Nutzenfunktionen es gibt, um die Präferenzen eines Anlegers abzubilden und welche Eigenschaften die Nutzenfunktion des rationalen Investors aufweist. Bevor dann die Kapitalmarktheorie dargestellt wird, sollen zuerst die Anforderungen an den Markt aufgezeigt werden. Ein entscheidendes Kriterium ist die Effizienz der Finanzmärkte. Hierbei nimmt vor allem die Informationseffizienz, die in unterschiedlich starker Weise auftritt, eine wichtige Rolle ein, da die Modelle der Kapitalmarkttheorie nur bei ihrer Existenz sinnvoll einzusetzen sind. Nachdem die Bedeutung effizienter Märkte aufgezeigt wurde, soll dann dargestellt werden, wie die Aktienbewertung im Marktgleichgewicht aussieht. Da die Kapitalmarkttheorie auf der Theorie der Portfolio-Selektion von Markowitz und dem Indexmodell von Sharpe aufbaut, werden diese Ansätze zuerst erläutert, bevor dann die Kapitalmarkttheorie dargestellt wird. Das Capital Asset Pricing Model (CAPM) ist das bedeutenste Preisbildungsmodell der Kapitalmarkttheorie, weshalb auf dieses näher eingegangen, seine Annahmen und der Preisfindungsprozess aufgezeigt werden sollen.

Trotz der großen Bedeutung des CAPM in der Wissenschaft wird dieses häufig aufgrund seiner realitätsfernen Annahmen kritisiert und durch widersprechende empirische Untersuchungen die Aussagekraft für die Praxis in Frage gestellt. Im dritten Abschnitt soll aufgezeigt werden, welche Kritikpunkte besonders wichtig erscheinen, dazu gehören zum Beispiel die Abwesenheit von Steuern und Transaktionskosten innerhalb des CAPM oder auch das in der Praxis nicht anzutreffende, aber im Modell verwendete Marktportfolio. Ebenfalls sollen Phänomene aufgezeigt werden, die zwar an den Finanzmärkten auftreten, die von dem Modell aber nicht berücksichtigt werden. Zu diesen sogenannten CAPM-Anomalien gehören zum Beispiel die Excess Volatility oder der Januar-Effekt. Da die Wissenschaftler der Kapitalmarktheorie diese Anomalien erkennen, jedoch weiter an der Gültigkeit des CAPM festhalten, gibt es Versuche, einzelne Annahmen des Grundmodells zu relativieren und das CAPM durch Lockerung jeweils einzelner Annahmen so zu erweitern, dass damit die Anomalien berücksichtigt werden. Die wichtigsten Erweiterungen sollen im Anschluss an die Darstellung der Relativierung der Annahmen aufgezeigt werden. Die bekannteste und wichtigste Erweiterung des CAPM ist die Arbitrage Pricing Theory (APT), obwohl sie eher als Alternative zu verstehen ist, da der Grundgedanke den gleichen Ausgangspunkt besitzt, jedoch einige der Annahmen aufgeweicht werden. So werden zum Beispiel weniger restriktive Annahmen bezüglich des Investorenverhaltens getroffen. Am Ende von Abschnitt drei werden die Vor- und Nachteile der Entwicklungen aufgezeigt.

Trotz der Weiterentwicklungen des CAPM bestehen weiter große Zweifel bei einigen Wissenschaftlern, ob das CAPM ein geeignetes Werkzeug für die Preisbestimmung ist. Begründet werden diese Zweifel mit immer wieder auftretenden Auswüchsen an den Finanzmärkten und den entdeckten Verhaltensanomalien, die darauf schließen lassen, dass die von Neumann und Morgenstern Axiome nicht zutreffen und Anleger an den Finanzmärkten keineswegs rational handeln. In Abschnitt vier soll aufgezeigt werden, dass Entscheidungen der Menschen weniger nach den besagten Axiomen getroffen werden, sondern vielmehr von Heuristiken und Biases beeinflusst werden. Nachdem die Besonderheiten im menschlichen Denken aufgezeigt wurden, sollen im Anschluss einige der wichtigsten Verhaltensanomalien dargestellt werden. Diese Anomalien stehen in starkem Widerspruch zur Kapitalmarkttheorie, und insbesondere die Rationalität des Investors wird in Frage gestellt. Deshalb wird sie durch eine Quasi-Rationalität ersetzt, die insbesondere von Simon definiert und von ihm als bounded rationality bezeichnet wird. Das veränderte Menschenbild weist nicht nur beschränkte mentale Fähigkeiten auf, sondern verfügt auch über abweichende Präferenzen, die sich durch referenzabhängige Bewertung, Zeitinkonsistenz und Fairness äußern. Aufgrund dieser Erkenntnisse entwickeln Kahnemann und Tversky die Prospect Theory, indem sie die Nutzenfunktion des quasi-rationalen Investors bestimmen. Die zugehörige wissenschaftliche Studie gilt bis heute als einer der wichtigsten Artikel der sich entwickelnden Forschungsrichtung Behavioral Finance. Auf die Prospect Theory soll näher eingegangen werden, bevor dann Preisbildungsmodelle, die die Behavioral Finance Erkenntnisse einbeziehen, aufgezeigt werden. Dazu gehört zum einen die Behavioral Portfolio Theory, die versucht, zu erklären, welche Auswirkungen psychologische Faktoren auf die Bildung eines Portfolios haben.

Auch der Noise-Trading Ansatz, der versucht, nicht fundamentale Kursbildung zu erklären und der davon ausgeht, dass manche Investoren unsystematisches Handeln ohne fundamentale Auslöser zeigen, stellt alternative Preisbildungsmodelle zur Verfügung. Dargestellt werden zuerst Noise-Trading Modelle ohne Rückkopplungseffekte, die noch keine Auskunft darüber geben, wie sich quasi-rationales Verhalten auf der Marktebene auswirkt. Daran anschließend werden Noise-Trading Modelle mit Rückkopplungseffekten aufgezeigt, die sich in zwei Bereiche aufteilen. Der erste Bereich setzt sich mit allgemeinem Noise Trading Verhalten auseinander und bringt vor allem drei Modelle von Shiller, De Long/Shleifer/Summers/Waldman und Shefrin/Statman hervor, die die Preisbildung mit Hilfe der Noise-Trading Erkenntnisse zu erklären versuchen.

Der zweite Bereich beschäftigt sich mit speziellem Noise-Trading Verhalten. Die vorliegende Arbeit stellt das wichtigste Modell in diesem Bereich vor, das Positive Feedback Trading. Anleger handeln nach Positive Feedback Trading, wenn sie die Kurse der Vorperiode als Anlass für Anlageentscheidungen in der aktuellen Periode nehmen. Sowohl in den von De Long/Shleifer/Summers/Waldman, als auch in den von Cutler/Poterba/Summers entwickelten Preisbildungsmodellen wird diese Erkenntnis als Grundannahme verwendet. Als einer der Gründe für Noise-Trading wird die Overconfidence, also das Überschätzen der eigenen Fähigkeiten des Investors näher betrachtet. Aufgrund dieses Bias kommt es zu Überreaktionen an den Finanzmärkten, die mit Hilfe des Overconfidence-Modells erfasst werden. Am Ende des Abschnitts vier wird auf die Kritik, die von Seiten der Vertreter der Kapitalmarkttheorie an der Behavioral Finance geübt wird, eingegangen.

Nachdem sowohl die Kapitalmarkttheorie, als auch die Behavioral Finance dargestellt wurden, soll dann in Abschnitt fünf die Analyse folgen, welche Vorteile jeweils beide Forschungszweige aufweisen und wie der Stand der aktuellen Forschung ist. Daraus folgend sollen beide Ansätze miteinander verglichen werden und es soll untersucht werden, ob eine Zusammenführung möglich ist, oder ob die unterschiedlichen Annahmen und Auffassungen sich so ausschließen, dass sie nicht miteinander vereinbar sind. Außerdem soll die aktuelle Literatur dahingehend geprüft werden, ob die Vertreter der jeweiligen Wissenschaftsrichtungen Wege für die Vereinbarkeit sehen.

In Abschnitt sechs werden die Ergebnisse der Arbeit zusammengefasst. Außerdem soll ein Ausblick gemacht werden, in welche Richtungen sich die beiden betrachteten Ansätze entwickeln können und ob es möglich erscheint, diese Richtungen in Übereinstimmung zu bringen.

2. Neoklassische Kapitalmarkttheorie: Annahmen und Aussagen

Die neoklassische Kapitalmarkttheorie gilt in der Wissenschaft als bedeutenster Ansatz zur Bestimmung von Aktienpreisen an den Finanzmärkten. Diese große Bedeutung hat sie vor allem erlangt, weil sie konsistent und einfach ist und auf mathematische Weise die Preisbildung abbildet. Damit deren Modelle zu korrekten Lösungen kommen, müssen jedoch einige restriktive Annahmen bezüglich des Finanzmarktes und des dort agierenden Investors gemacht werden. Die Kapitalmarkttheorie begründet sich auf der Theorie der Portfolio-Selektion von Markowitz und dem Indexmodell von Sharpe. Das wichtigste Preisbildungsmodell ist das CAPM.

Die Annahmen und Aussagen der Kapitalmarkttheorie, sowie das CAPM, sollen nun dargestellt werden. Dabei soll aufgrund der Bedeutung für den weiteren Verlauf der Arbeit besonders auf das Menschenbild des rationalen Investors eingegangen werden.

2.1 Der rationale Investor

Der Investor der im Mittelpunkt der Betrachtungen der neoklassischen Kapitalmarkttheorie steht, handelt stets rational. Es stellt sich dabei die Frage, was den rationalen Investor ausmacht, also was es in diesem Fall genau bedeutet, wenn ein Investor rational handeln soll? Die neoklassische Kapitalmarkttheorie definiert den rationalen Investor folgendermaßen: Er muss den Regeln der Logik und gewissen Voraussetzungen der Rationalität folgen. In Entscheidungssituationen die durch Risiko gekennzeichnet sind, versucht der Anleger seinen Erwartungsnutzen zu maximieren, dabei vollständig und ausgewogen informiert zu sein und keine emotionalen Motive in die Bewertung einfließen zu lassen. Außerdem verfügt er über eine stabile Nutzenfunktion.[6] Bernoulli definiert als einer der ersten eine Entscheidungsregel für Entscheidungen in Risikosituationen, aber erst von Neumann und Morgenstern stellen ein plausibles Axiomensystem auf, mit dem sich eine die Präferenzen abbildenden Nutzenfunktion ableiten lässt. In den nächsten Teilabschnitten soll aufgezeigt werden, wie die Präferenzen und die Nutzenfunktion des rationalen Investors in der Kapitalmarkttheorie aussehen.

2.1.1 Präferenzen

Ausgangspunkt der Portfoliotheorie und damit auch der Kapitalmarkttheorie ist der Investor, der sich in Situationen begibt, in denen er Entscheidungen unter Risiko treffen muss. Merkmal einer Entscheidung unter Risiko ist, dass dem Investor alle möglichen

---

[6] vgl. Goldberg/ Nietsch, 1999, S. 6ff

Umweltzustände und die dazugehörigen Eintrittswahrscheinlichkeiten bekannt sind.[7] Um Entscheidungen zu treffen, folgt er davon ausgehend dem mathematischen Erwartungswert. Der Erwartungswert ist definiert als Summe der mit den Eintrittswahrscheinlichkeiten gewichtete Erfolg in den Entscheidungssituationen und wird häufig mit μ gekennzeichnet. Bernoulli stellt fest, dass es nicht ausreicht, sich am Erwartungswert zu orientieren, vielmehr muss in die Betrachtung die individuelle Risikoeinstellung des Investors einbezogen werden.[8] Entscheidungen nach dem Bernoulli-Prinzip erfolgen in zwei Teilschritten. Zum Ersten wird jedem Ergebnis e_{iz}, bestehend aus Handlungsalternative i bei Eintritt des möglichen Umweltzustandes z, ein Nutzenwert $U(e_{iz})$ zugeordnet und dann der Erwartungsnutzenwert für jede Handlungsalternative berechnet: $EU_i = \sum_{z=1}^{Z} U(e_{iz}) p_z$. Z steht dabei für die Anzahl zukünftig möglicher Umweltzustände und p_z für die Wahrscheinlichkeit des Eintritts des Umweltzustandes z. Gewählt wird die Handlung, die zu dem maximalen Erwartungsnutzen führt.[9] Der Erwartungsnutzen bildet somit die Grundlage für rationales Entscheiden und stellt ein Maß für die Stärke der Präferenz bezüglich der Ergebnisse dar.

Bernoulli unterstellt eine logarithmische Nutzenfunktion, macht aber keine Angaben zur speziellen Form der Nutzenfunktion. Ebenso wenig zeigt er auf, welche Anforderungen an die Präferenz des Entscheiders gestellt werden müssen. Erst von Neumann und Morgenstern zeigen Axiome auf, die Voraussetzungen für rationales Verhalten sind:[10]

Unter dem Axiom *Vollständige Ordnung* versteht man, dass alle Lotterien vollständig miteinander vergleichbar sein müssen und dass die Präferenzordnung die Bedingung der Transitivität erfüllen muss.[11] Das Axiom *Stetigkeit* besagt, dass es für gegebene Lotterien a, b, c, für die der Zusammenhang a > b > c gilt, eine Wahrscheinlichkeit p geben muss, bei der $b \approx p * a + (1-p) * c$ gilt.[12]

Bei dem Axiom *Unabhängigkeit* wird von a > b ausgegangen. Werden diese beiden Lotterien um eine Lotterie c ergänzt, dann muss für alle Wahrscheinlichkeiten p gelten: $p * a + (1-p) * c > p * b + (1-p) * c$. Das bedeutet, dass sich die Präferenz zwischen zwei Lotterien nicht verändern darf, wenn beide Lotterien um dieselbe Lotterie erweitert werden. Nur wenn diese Axiome erfüllt sind, ist es möglich, anhand der Präferenzen eines Investors

---

[7] vgl. Vossebein, 1990, S. 7
[8] vgl. Hein, 2002, S. 110f
[9] vgl. Poddig/ Brinkmann/ Seiler, 2005, S. 172f
[10] vgl. Weber, 1990, S. 22f
[11] vgl. Nitzsch/ Friedrich, 1999, S. 8f
[12] vgl. Kottke, 2005, S. 9

dessen rationales Verhalten richtig abzubilden.[13] Das Axiomensystem nach von Neumann und Morgenstern stellt in der Finanzierungstheorie das herrschende Modell zur Abbildung von menschlichem Verhalten dar. Eine weitere wesentliche Grundannahme rationalen Verhaltens stellt Bayes zur Verfügung und beschäftigt sich mit der Verarbeitung von Informationen. Es wird beim Bayes Theorem, wie bei der Erwartungsnutztheorie, davon ausgegangen, dass dem Investor alle möglichen Umweltzustände und die dazugehörigen Wahrscheinlichkeiten, die sogenannten „a priori“ Wahrscheinlichkeiten, bekannt sind. Außerdem wird erwartet, dass der Investor bei veränderter Informationslage fähig ist, die Wahrscheinlichkeiten zu „a posteriori“ Wahrscheinlichkeiten umzuformen. Sollte diese Anpassung für den Investor nicht möglich sein, verliert er die Möglichkeit nutzenoptimale Entscheidungen zu treffen.[14]

Auch wenn diese Verhaltensannahmen empirisch widerlegt werden können, so hat das keine Auswirkungen auf die Verwendung eines solchen Menschenbildes, da für deskriptive Betrachtungen rationale und in sich konsistente Entscheidungen notwendig sind. Es stellt sich nun die Frage nach einer Nutzenfunktion, die die Präferenzen eines Entscheiders abbildet.

2.1.2 Nutzenfunktion

In der Finanzierungstheorie wird regelmäßig davon ausgegangen, dass es eine Nutzenfunktion gibt, die die Präferenzen eines Investors korrekt darstellt. Um den Verlauf dieser Funktion festzustellen, gibt es die Möglichkeit, den Investor in einer Bernoulli-Befragung vor die Entscheidung zwischen einer sicheren Zahlung und einer Lotterie zu stellen. Im Idealfall lässt sich die individuelle Nutzenfunktion bestimmen, wenn der Anleger seine Präferenzen unverzerrt wiedergeben kann. Aus dieser Nutzenfunktion lässt sich dann die bevorzugte Reihenfolge möglicher Anlagealternativen ableiten.[15]

Grundsätzlich ist eine für jeden Investor individuelle Nutzenfunktion möglich. Es werden allerdings die möglichen Ausprägungen durch einige ökonomische Anforderungen bzw. Verhaltensannahmen eingeschränkt. So wird an eine Nutzenfunktion die Anforderung der Nichtsättigung gestellt. Das bedeutet, dass der Anleger ein höheres Endvermögen gegenüber einem niedrigeren Endvermögen bevorzugt. Außerdem kann die Funktion einen konvexen, linearen oder konkaven Verlauf haben. Dadurch drückt sich die Risikoeinstellung des Investors aus. Er kann risikofreudig, risikoneutral oder risikoavers sein. Die Kapitalmarkttheorie geht von einer risikoaversen Einstellung aus.[16]

---

[13] vgl. Sorger, 2000, S.39f
[14] vgl. Kottke, 2005, S. 10f
[15] vgl. Hein, 2002, S. 112f
[16] vgl. Weber, 1990, S. 32

Die Nutzenfunktion kann außerdem die Veränderung der Risikoeinstellung bei veränderten Vermögenszuständen anzeigen. Es ist eine zunehmende, konstante oder abnehmende Risikoaversion möglich. Anhand der relativen Risikoaversion wird die prozentuale Veränderung des risikobehafteten Anteils bei zunehmendem Vermögen gemessen.[17]

Es sind verschiedene Arten von Nutzenfunktionen bekannt. Es existieren quadratische, exponentielle, logarithmische oder Potenz-Nutzenfunktionen. Da die Kapitalmarkttheorie von der Existenz einer quadratischen Nutzenfunktion ausgeht, soll nur auf diese kurz eingegangen werden.

Kann die Nutzenhöhe in Abhängigkeit von den Ergebnisgrößen in einer quadratischen Form abgebildet werden, dann spricht man von einer quadratischen Nutzenfunktion. Sie nimmt in der Kapitalmarkttheorie deshalb einen wichtigen Platz ein, da mit ihr das μ, σ-Entscheidungsprinzip begründet wird. Zudem können Annahmen zu einem bestimmten Renditeverteilungstyp entfallen.[18] Nachdem der rationale Investor mit seinen Präferenzen und seiner Nutzenfunktion aufgezeigt wurde, kann nun die Kapitalmarkttheorie dargestellt werden.

2.2 Die Kapitalmarkttheorie

Die Modelle der Kapitalmarkttheorie basieren auf der Grundannahme, dass für die Preisfindung von Wertpapieren den Einflussgrößen Rendite und Risiko eine zentrale Bedeutung zukommt. Sie versuchen vor allem zu erklären, welche Rendite bei welchem Risiko erwartet werden darf, und zu ermitteln, welche fairen Risikoprämien im Marktgleichgewicht zu zahlen sind. Dazu bedarf es effizienter Märkte. Welche Voraussetzungen erfüllt sein müssen, damit ein Markt effizient ist, soll im Folgenden dargestellt werden. Außerdem wird die Theorie der Portfolioselektion als Grundlage der Kapitalmarkttheorie aufgezeigt, um darauf aufbauend das Grundmodell der neoklassischen Kapitalmarkttheorie, das Capital Asset Pricing Model vorzustellen.

2.2.1 Effiziente Märkte

Die Begründer der Theorie der Portfolioselektion und auch der neoklassischen Kapitalmarkttheorie, auf dessen Modelle in den nächsten Teilabschnitten eingegangen wird, gehen grundsätzlich von der Existenz effizienter Märkte aus. Auf dem vollkommenen Kapitalmarkt, auf dem alle Investoren die gleichen Informationen kostenlos bekommen, hängt der Wert eines Wertpapiers von dem zukünftigen Zahlungsstrom ab. Die Erhöhung der

---

[17] vgl. Hein, 2002, S. 113f

[18] vgl. Hein, 2002, S. 114ff

Anzahl der vorhandenen Wertpapiere darf in diesem Markt keinen Einfluss auf den Wert des Titels haben, da es sonst zu Arbitragereaktionen kommen würde. In einem effizienten Markt ist dieses nicht zu erwarten, deshalb stellen alle am Markt gehandelten Wertpapiere perfekte Substitutionsmöglichkeiten dar. Anders sieht es aus, wenn neue Informationen auf den Markt kommen. Diese lösen Kursreaktionen aus, und der veränderte Wert bleibt solange bestehen, bis wieder neue Informationen ihn verändern.[19]

Hauptmerkmale eines effizienten Marktes sind damit die Preise, die als Signale dienen, um Kapital dorthin zu lenken, wo die beste Verwendungsmöglichkeit besteht. Damit die Preise diese Lenkungsfunktion übernehmen, müssen drei Bedingungen erfüllt werden. So muss operationale Effizienz gegeben sein, das heißt, dass die Preise nicht durch in der Realität vorhandene Marktunvollkommenheiten, wie Steuern oder Transaktionskosten, beeinflusst werden dürfen.[20]

Bei der Bedingung der Informationseffizienz sollten sich alle am Markt vorhandenen Informationen sofort vollständig in den Preisen niederschlagen. Es gibt drei Stufen der Informationseffizienz, abhängig davon, wie weitreichend die Informationen sind, die in die Preise eingehen. In der schwachen Form enthalten zum Beispiel Aktienkurse alle Informationen, die in historischen Kursreihen enthalten sind. Somit müssen alle Informationen der Vergangenheit bereits in den aktuellen Marktpreisen enthalten sein. Die halbstrenge oder mittelstrenge Informationseffizienz liegt vor, wenn alle relevanten, öffentlich zugänglichen Informationen bereits in die Preise eingegangen sind. Wird schlicht von Informationseffizienz gesprochen, ist in der Regel die halbstrenge Form gemeint.[21] Wenn über alle historischen und öffentlich verfügbaren aktuellen Informationen hinaus alle nur erdenklichen Informationen in die Marktpreise der Anlageobjekte eingehen, dann spricht man von der strengen Form der Informationseffizienz. Sie macht es unmöglich, dass Insider Vorteile aus ihren Informationen ziehen, denn wenn sie diese Informationen haben, dann sind sie bereits in den Preisen vorhanden.[22]

Neben der operationalen Effizienz und der Informationseffizienz existiert noch die Bewertungseffizienz. Diese verlangt, dass nicht nur alle Informationen sofort und vollständig in den Marktpreisen enthalten sind, sondern dass die Informationen auch richtig verarbeitet werden, also dass die fundamentalen Werte der Unternehmen unverzerrt in den Preisen am Markt zum Ausdruck kommen.[23]

---

[19] vgl. Entrup, 1995, S. 28f

[20] vgl. Garz/ Günther/ Moriabadi, 2004, S. 79ff

[21] vgl. Schredelseker, 2002, S. 418f

[22] vgl. Bruns/ Meyer- Bullerdiek, 2000, S. 80f

[23] vgl. Garz/ Günther/ Moriabadi, 2004, S. 92

In den Modellen der Portfolio Selection und der Kapitalmarkttheorie bildet die Annahme der Markteffizienz einen zentralen Punkt. Nur wenn Markteffizienz gegeben ist, sind die folgenden Modelle sinnvoll einzusetzen. Allerdings wird in Theorie und Praxis seit langer Zeit diskutiert, ob effiziente Märkte existieren. Während die akademische Literatur weitgehend zu dem Schluss kommt, dass Markteffizienz gegeben ist, wird diese Annahme von Praktikern vielfach abgelehnt. Begründet wird die Ablehnung mit auftretenden Marktanomalien.[24] Diese Diskussion soll später noch einmal aufgegriffen und an dieser Stelle nicht vertieft werden.

2.2.2 Grundlagen für die Bewertung im Marktgleichgewicht

Die neoklassische Kapitalmarkttheorie baut auf der Theorie der Portfolioselektion auf. Diese Theorie, auch Portfolio Selection Model genannt, bildet damit gleichzeitig den Ausgangspunkt für das Capital Asset Pricing Model, auf das später eingegangen wird. Die Theorie der Portfolioselektion, die auf Markowitz (1952, 1959) und Tobin (1958) zurückgeht, beschäftigt sich mit der Frage der Aufteilung und Haltung unterschiedlich ausgeprägter Wertpapiere, und sucht Gründe für die Neigung von Investoren Portfolios zu bilden.[25]

Es werden gewisse Annahmen gemacht, damit das Modell anwendbar ist. Diese teilen sich in anlageobjektbezogene-, anlegerbezogene- und kapitalmarktbezogene Annahmen. Bezüglich der Anlageobjekte wird angenommen, dass die Renditen als stochastisch abhängige Zufallsvariablen betrachtet werden können. Dabei muss es sich um Renditeverteilungen handeln, für die μ und σ existieren.[26] Anlegerbezogen werden folgende Annahmen getroffen: Zum einen ist der zugrundegelegte Investor risikoscheu. Wie oben bereits gezeigt wurde, besitzt er also eine konkave Nutzenfunktion. Er strebt zwar Renditemaximierung aber gleichzeitig Risikominimierung an. Um sich dabei bei einem Wertpapier orientieren zu können, betrachtet er ausschließlich Erwartungswert der Renditen und deren Streuung, also Varianz bzw. Standardabweichung der Renditen. Der Investor folgt damit dem (μ,σ)-Entscheidungsprinzip, das eine Vorauswahl effizienter Portfolios ermöglicht. Zudem betrachtet der Investor einen Planungszeitraum von einer einzigen Periode und beschäftigt sich deshalb jeweils mit einem einperiodigen Entscheidungsproblem.[27]

Weiter wird angenommen, dass der Investor rational denkt und handelt und damit, in Verbindung mit der Risikoaversion, das Wertpapier (-Portfolio) auswählt, das bei gleichem Risiko eine höhere erwartete Rendite oder bei gleicher erwarteter Rendite ein niedrigeres

---

[24] vgl. Bruns/ Meyer- Bullerdiek, 2000, S. 79
[25] vgl. Kosfeld, 1996, S. 44
[26] vgl. Schmidt-von Rhein, 1996, S. 230f
[27] vgl. Schulz, 2001, S.17ff

Risiko aufweist.[28] Alle Portfolios die diese Eigenschaft erfüllen, liegen auf der sogenannten Effizienzlinie. Portfolios die unter- oder oberhalb der Linie liegen, sind weniger effizient und werden deshalb von dem rationalen, risikoaversen Investor nicht ausgewählt.[29]

Zusätzlich zu den Annahmen bezüglich der Anlageobjekte und der Anleger, wird von einem vollkommenen Kapitalmarkt ausgegangen. Das bedeutet, dass die auf den Märkten vorhandenen Wertpapiere unendlich teilbar sind, weder Steuern und Transaktionskosten, noch Markteintritts- oder Austrittsbarrieren existieren. Es ist eine kostenlose und vollkommene Informationsbeschaffung und -verarbeitung möglich, der Investor kann keinen Einfluss auf die Preisbildung der Wertpapiere nehmen, und es ist jederzeit eine unbeschränkte Kapitalanlage, sowie Kreditaufnahme zum einheitlichen, risikolosen Zinssatz möglich.[30]

Markowitz entwickelt die Theorie der Portfolioselektion aufgrund der Beobachtung in der Realität, dass die meisten Anleger ihr Vermögen nicht in ein einziges Wertpapier investieren, sondern ihr Kapital streuen. Daraus schließt er, dass Investoren bei der Kapitalanlage nicht nur die erwartete Rendite (μ) eines Wertpapiers betrachten, denn dann müssten sie ihr gesamtes Vermögen in das Anlageobjekt investieren, das die höchste erwartete Rendite aufweist. Er schlussfolgert, dass zusätzlich zur erwarteten Rendite auch die Streuung der Renditen (σ) betrachtet wird und es deshalb zur Portfoliobildung kommt. Die ausschließliche Betrachtung von Rendite und Risiko hält Markowitz für ausreichend, wenn die Renditen normalverteilt sind.[31]

Kernpunkt des Modells von Markowitz ist der erwünschte Diversifikationseffekt. Dieser beschreibt die Risikoreduktion durch die optimale Mischung von Wertpapieren. Die einzelnen Renditen innerhalb eines Portfolios werden mit ihrem entsprechenden Portfolioanteil multipliziert und anschließend insgesamt aufaddiert, um zur Portfoliorendite zu gelangen.[32] Bei dem Portfoliorisiko kann nicht so verfahren werden. Es genügt nicht, die einzelnen Varianzen zu gewichten und aufzuaddieren. Es müssen ebenso die Kovarianzen, also das Maß für die Stärke der stochastischen Abhängigkeit der Renditen, betrachtet werden. Da der direkte Vergleich von Kovarianzen, aufgrund der damit beinhalteten Dimension, wenig sinnvoll ist, werden diese zum Korrelationskoeffizienten standardisiert. Dieser Korrelationskoeffizient ist auf Werte zwischen +1 und -1 begrenzt.[33] Bei einer vollständigen positiven Korrelation der Renditen, und damit bei einem Wert von +1, ergibt sich das

[28] vgl. Ulschmid, 1994, S. 9
[29] vgl. Steiner/ Bruns, 1995, S. 3f
[30] vgl. Schmidt-von Rhein, 1996, S. 231f
[31] vgl. Mertens, 2004, S. 1
[32] vgl. Gräfer, 2001, S. 333f
[33] vgl. Schmidt-Wilke, 1998, S. 99f

Gesamtrisiko als Summe der gewichteten Einzelrisiken. Der bereits erwähnte Diversifikationseffekt tritt dann auf, wenn keine vollständige positive Korrelation vorliegt. Bei vollständiger negativer Korrelation, also einem Wert von -1, wird der maximale Diversifikationseffekt erreicht.[34]

Tobin erweitert das Modell von Markowitz, indem er eine weitere Annahme hinzufügt. Diese sagt aus, dass Investoren unbeschränkte Geldanlage- und Geldaufnahmemöglichkeiten besitzen. Damit kann die Entscheidung über die Zusammensetzung des risikobehafteten Portfolios unabhängig von der Risikoneigung des Investors getroffen werden.[35] Es lässt sich, durch zusätzliche Betrachtung dieser Annahme, jedes Portfolio mit dem risikolosen Wertpapier (r_f) kombinieren, wobei Mischportfolios entstehen, die eine Gerade bilden, deren Achsenabschnitt auf der Ordinate der risikolose Zins formt. Tobin bestimmt dann die effizienten Mischportfolios, wobei sich eine Effizienzlinie ergibt, die eine Tangentiallinie an der Effizienzkurve nach Markowitz bildet. Aus dieser Bestimmung folgt, dass sämtliche effizienten Mischportfolios aus dem risikolosen Wertpapier und einem einzigen risikobehafteten Portfolio bestehen. Welches Mischportfolio der Investor nun auswählt, hängt von seiner Risikoneigung ab. Im Extremfall wird der sehr risikoaverse Investor allein die risikolose Anlage wählen.[36]

Die Schwierigkeit der Theorie der Portfolioselektion, obwohl sie in der Kapitalanlagepraxis große Verbreitung gefunden hat, liegt vor allem in der Schätzung zukünftiger Rendite- und Risikodaten und in der benötigten Datenmenge. Eine Erleichterung bringt das von Sharpe erdachte Indexmodell, das zu einer erheblichen Reduzierung der zu ermittelnden Daten führt. Markowitz zeigt mit seinem Modell, dass sich das Portfoliorisiko durch Diversifikation stark verringern lässt. Tatsächlich sind vollständig negativ korrelierte Aktien nicht zu finden. Den Grund vermutet Sharpe darin, dass Marktentwicklungen alle Aktien beeinflussen. Somit spaltet sich die Rendite einer Anlage in einen von der Markteintwicklung abhängigen und einen von der Marktentwicklung unabhängigen Teil.[37] Ein Index soll dabei die Marktentwicklung möglichst genau widerspiegeln. Damit können dann die zu ermittelnden Kovarianzen der Renditen zwischen den einzelnen Aktien durch die Korrelation mit der Marktrendite ersetzt, und die benötigte Datenmenge verringert werden. Die Haupterkenntnis des Index-Modells von Sharpe ist, dass sich das Risiko eines Wertpapiers in einen systematischen, also vom Markt induzierten Teil und einen unsystematischen, also

---

[34] vgl. Poddig/ Brinkmann/ Seiler, 2005, S. 56ff
[35] vgl. Schulz, 2001, S. 20
[36] vgl. Schmidt-Wilke, 1998, S. 100ff
[37] vgl. Steiner/ Bruns, 1995, S. 11ff

objektspezifischen Teil gliedert. Das systematische Risiko wird häufig mit β bezeichnet.[38] Werden in die Betrachtung mehr Faktoren als nur der Marktindex einbezogen, spricht man auch vom Multi-Index Modell.[39]

Geht man davon aus, dass es keine Unterschiede zwischen den Investoren gibt, stets alle Informationen vollständig in den Wertpapierkursen Ausdruck finden und ebenso in die Anlageentscheidungen aller Marktteilnehmer einfließen, lässt sich das Index-Modell zum Markt-Modell erweitern. Durch diese Annahmen ist es möglich, ein im Gegensatz zum effizienten Portfolio leichter zu ermittelndes Referenzportfolio zu generieren, das für die Beurteilung der tatsächlichen Portfolios herangezogen werden kann. Das Marktportfolio stellt die herrschende Meinung hinsichtlich des anzustrebenden Portfolios dar. Es beinhaltet nur systematische und keine unsystematischen Risiken. Ein rationaler, risikoaverser Investor wird immer das Marktportfolio besitzen wollen. Das führt dazu, dass im Marktgleichgewicht alle Investoren das Marktportfolio halten.[40] In einem Marktgleichgewicht besitzen die Wertpapiere Preise, die sich abhängig von den Raten, mit denen Produzenten und Konsumenten diese Assets gegen andere Assets substituieren können, einstellen. Entspräche der Preis des Wertpapiers nicht dem Marktgleichgewicht, zum Beispiel weil der Preis zu niedrig wäre und somit die gesamte Nachfrage auf dieses Papier gezogen und von anderen Papieren abgezogen werden würde, dann wäre dieses Wertpapier nicht mehr Teil des Marktgleichgewichtes.[41] Marktgleichgewicht beschreibt damit den Zustand, in dem alle Marktteilnehmer ihre Wirtschaftspläne realisieren können, keiner seine Dispositionen ändern möchte und der Markt geräumt ist.[42]

2.2.3 Capital Asset Pricing Model (CAPM)

Das Capital Asset Pricing Model ist das Grundmodell der neoklassischen Kapitalmarkttheorie. Seine besondere Leistung besteht darin, Einzelwertrisiken quantifizierbar und bewertbar zu machen. Das Modell basiert auf den zwei Grundannahmen, dass erstens alle Markteilnehmer danach streben, effiziente Portfolios zu halten, um somit im Sinne von Markowitz Portfolio-Optimierer zu sein, und dass sich zweitens der Markt im Gleichgewicht befindet, also ein einheitlicher Marktpreis des Risikos gilt.[43] Dieses Marktgleichgewicht ist jederzeit durch Arbitrageprozesse gewährleistet. Entwickelt wurde das

---

[38] vgl. Lapp, 1999, S. 11ff
[39] vgl. Schmidt-von Rhein, 1996, S. 278
[40] vgl. Lapp, 1999, S. 13ff
[41] vgl. Spremann, 2003, S. 259
[42] vgl. Kosfeld, 1996, S. 18
[43] vgl. Garz/ Günther/ Moriabadi, 2004, S. 65

Modell zwischen 1962 und 1965 von Sharpe, Lintner und Mossin fast zeitgleich, aber dennoch unabhängig voneinander.[44]

Wie im vorherigen Abschnitt gezeigt wurde, wird das Markowitz-Modell von Tobin erweitert, und zwar insofern als dass er einen risikolosen Zinssatz in das Modell mit einbezieht, zu dem sowohl eine Kreditaufnahme zur Portfoliofinanzierung, als auch eine risikolose Kapitalanlage unbeschränkt möglich sind. Tobin unterstellt dabei ein Marktgleichgewicht, und damit sind alle Wertpapierpreise Gleichgewichtspreise. Durch die Zusammenfassung aller am Markt vorhandenen Aktien entsteht das effizienteste aller Portfolios und besitzt den Wort des Risikos von 1,0. Indem der Investor den einen Teil seines Vermögens in das Gesamtmarktportfolio und den anderen Teil in die risikolose Anlage investiert, ist die Senkung bzw. Steigerung des Risikos, und damit gleichzeitig der erwarteten Rendite, möglich, und das Risiko der gesamte Anlage lässt sich hinsichtlich der Risikopräferenz des Investors entsprechend adjustieren.[45]

Das CAPM basiert nun auf den gleichen Annahmen wie die Theorie der Portfolioselektion. Demnach existiert ein vollkommener Kapitalmarkt, in dem alle Wertpapiere handelbar und beliebig teilbar sind. Außerdem werden Steuern und Transaktionskosten aus der Betrachtung ausgeschlossen. Die Investoren handeln nach den Annahmen von Markowitz. Folglich wird ein Ein-Perioden-Fall angenommen, die Investoren betrachten bei Wertpapieren nur erwartete Rendite und Risiko, und sie bilden Portfolios, um den Diversifikationseffekt zu nutzen. Zusätzlich ist davon auszugehen, dass Anleger risikoavers handeln und sich rational verhalten, also ihr optimales Portfolio nur aus der Menge effizienter Portfolios auswählen. Zudem besitzen alle Investoren homogene Erwartungen, und da eine risikofreie Anlagemöglichkeit besteht, können alle Investoren nach der Erweiterung von Tobin handeln.[46]

Im Marktgleichgewicht müssen sich die Preise, und damit die erwarteten Renditen aller Wertpapiere, so einstellen, dass die Nachfrage nach jeder Aktie genau dem Angebot entspricht und somit jeder Investor ein Portfolio hält, das alle am Markt angebotenen Wertpapiere enthält. Es wird deshalb Marktportfolio genannt. Da dieses Portfolio alle Wertpapiere enthält, wird das gesamte Diversifikationspotenzial ausgeschöpft, weshalb es nur noch systematisches Risiko (β), also das Marktrisiko, beihaltet. Auch der Preis der risikolosen Anlage, und damit der risikolose Zinssatz, müssen sich so ergeben, dass die Nachfrage dem Angebot entspricht. Beim CAPM, ebenso wie beim Tobin-Modell, entscheidet der Investor

---

[44] vgl. Spremann, 2003, S. 256f
[45] vgl. Peters, 1987, S. 20
[46] vgl. Wilhelm, 2000, S. 86

nach seiner Risikoneigung, in welchem Verhältnis er sein Vermögen auf Marktportfolio und risikolose Anlage aufteilt.[47]

Wie bereits dargestellt, lassen sich alle nach Markowitz effizienten Portfolios durch eine Effizienzlinie darstellen. Das Marktportfolio befindet sich nun dort, wo die Linie, die ihren Anfang im risikolosen Zinssatz hat, einen Tangentialpunkt mit der Effizienzlinie bildet. Diese Tangente läuft also durch den risikolosen Zinssatz, tangiert die Effizienzlinie im Marktportfolio und wird im Allgemeinen Kapitalmarktlinie genannt. Die Steigung der Kapitalmarktlinie stellt den Marktpreis für die Risikoänderung um eine Risikoeinheit dar und

sieht mathematisch folgend aus:

$$\mu_P = r_f + \frac{\mu_M - r_f}{\sigma_M} * \sigma_P$$

mit:

μ_P = Erwartungswert der Rendite des Portfolios

μ_M = Erwartungswert der Rendite des Marktportfolios

σ_P = Standardabweichung (Risiko) des Portfolios

σ_M = Standardabweichung (Risiko) des Marktportfolios

r_f = risikolose Anlage

Dabei stellt der Term $\frac{\mu_M - r_f}{\sigma_M}$ den Marktpreis des Risikos dar. Er zeigt den zusätzlich erwarteten Gewinn bei Steigerung des Portfoliorisikos um eine Einheit an.[48]

Da hier die Frage nach der Renditeerwartung riskanter Portfolios beantwortet wird, allerdings noch nicht geklärt werden kann, welchen Preis einzelne Wertpapiere des Marktportfolios im Marktgleichgewicht besitzen, muss das Modell noch erweitert werden.

Wie bereits gezeigt, ist das Marktportfolio maximal diversifiziert. Da alle Investoren dieses Portfolio halten, wird am Kapitalmarkt nur das Eingehen von Marktrisiko (β) entlohnt. Wie die erwartete Rendite eines beliebigen Wertpapiers im Marktgleichgewicht in Abhängigkeit von dem systematischen Risiko ermittelt werden kann, wird durch die Wertpapierlinie beschrieben. Sie beurteilt nicht das gesamte Portfoliorisiko, sondern den Anteil der Kovarianz zwischen Portfolio und Gesamtmarkt am Risiko des Gesamtmarktes.[49]

Der mathematisch formulierte Term sieht dann folgendermaßen aus:

---

[47] vgl. Fischer, 2002, S. 71ff

[48] vgl. Užík, 2004, S. 27ff

[49] vgl. Steiner/ Bruns, 1995, S. 16ff

$$\mu_i = r_f + (\mu_M - r_f) * \beta_i \text{ mit } \beta_i = \frac{\sigma_{i;M}}{\sigma_M{}^2}$$

mit:

μ_i = Erwartungswert der Rendite des Wertpapiers i

μ_M = Erwartungswert der Rendite des Marktportfolios

r_f = risikolose Anlage

$\sigma_{i,M}$ = Kovarianz zwischen Wertpapier i und Marktportfolio

$\sigma_M{}^2$ = Varianz des Marktportfolios

β_i = systematisches Risiko des Wertpapiers i

Die Wertpapierlinie stellt das eigentliche CAPM dar und definiert den linearen Zusammenhang zwischen erwarteter Rendite und dem marktbezogenen Risiko aller risikobehafteter Anlagen des Kapitalmarktes. Die Renditen müssen im Marktgleichgewicht auf der Wertpapierlinie liegen, denn würden sie es nicht tun, wären Arbitragegeschäfte möglich.[50] Es gilt, dass ein Wertpapier, wenn es ein höheres Risiko besitzt, auch eine höhere Rendite in Aussicht stellen muss.

[50] vgl. Stahlhut, 1997, S. 33ff

3. Erweiterung des Capital Asset Pricing Models

Das CAPM, als Grundmodell der neoklassischen Kapitalmarkttheorie, gilt als entscheidendes Modell zur Preisbestimmung von Wertpapieren. Aufgrund seiner Bedeutung wurden bis heute viele empirische Tests durchgeführt, die allerdings zu keinem eindeutigen Ergebnis kommen. Einerseits wird dem Modell eine empirische Gültigkeit nachgesagt, andererseits werden aber immer wieder Anomalien am Kapitalmarkt aufgezeigt, die dem entgegensprechen. Diejenigen, die eine empirische Gültigkeit ablehnen, begründen dieses häufig mit der Realitätsferne der Annahmen. Deshalb wird das CAPM immer wieder erweitert. Die Entwicklungen und ihre Ursachen sollen nun dargestellt werden.

3.1 Ursachen

Es gibt nicht nur Befürworter der Kapitalmarkttheorie und des CAPM, im Gegenteil wird das Modell der Kapitalmarkttheorie häufig kritisiert und die praktische Gültigkeit in Frage gestellt. Als Gründe dafür werden hauptsächlich die realitätsfernen Prämissen genannt. Dazu gehört die Annahme eines vollkommenen Kapitalmarktes und damit die Abwesenheit von Transaktionskosten und Steuern. Auch werden risikoloser Zinssatz, Marktportfolio und homogene Erwartungen der Investoren bemängelt, da sie so in der Praxis nicht zu finden sind. Die nicht vorhandene Markteffizienz wird ebenso kritisiert.

Darüber hinaus ergeben empirische Studien häufig Abweichungen von den Ergebnissen, die das CAPM erwarten lassen. Diese Abweichungen werden als Anomalien bezeichnet. Es soll nun gezeigt werden, welche Probleme bei der Anwendung des CAPM auftreten, ob diese Erkenntnis Auswirkungen auf das Modell hat und welche Erweiterungen existieren. Dabei werden investorspezifische Probleme, die sich aufgrund von beschränkter Rationalität ergeben, noch ausgespart, da diese später näher betrachtet werden.

3.1.1 Transaktionskosten, Steuern, Marktsegmentierung

Vieles deutet darauf hin, dass die Annahmen, die getroffen werden müssen, um das CAPM anwenden zu können, in der Realität nicht zu finden sind. Zunächst ist da auf das Fehlen von Steuern und Transaktionskosten zu verweisen. So spielen Steuern und Unterschiede zwischen den Steuersystemen in der Praxis eine große Rolle, denn es ist zu beobachten, dass sich insbesondere private Investoren stark an ihrem Einkommenssteuersatz und dessen zeitlicher Entwicklung orientieren. Oder es sind Steuern vorhanden, die unmittelbar mit Transaktionen in Verbindung stehen und mit Erträgen verrechnet werden können.[51] Neben Steuern spielen auch Transaktionskosten bei Anlageentscheidungen eine Rolle. Zwar ist es auf den internationalen Finanzmärkten in der Tat so, dass durch verbesserte Informations- und Kommunikationstechnologien die Transaktionskosten erheblich gesenkt werden können, das bedeutet aber nicht, dass sie völlig verschwunden sind.[52] Betrachtet man die Annahme des vollkommenen Kapitalmarktes, dass jedem Marktteilnehmer alle relevanten Informationen ohne Verzögerung zur Verfügung stehen, wird deutlich, dass diese Annahme, auch bei den Möglichkeiten der heutigen Kommunikationstechnologie, kaum ohne Transaktionskosten möglich ist. Spätestens bei Verhandlungen, Käufen und Verkäufen zwischen Marktteilnehmern werden diese anfallen.

Insgesamt ist das Bild des vollkommenen Kapitalmarktes wenig realitätsnah. Es kann nicht davon ausgegangen werden, dass Wertpapiere beliebig teilbar sind. Unternehmen geben Aktien heraus, deren Einzelwerte die größtmögliche Teilbarkeit darstellen. Ein weiteres Herunterbrechen ist nicht möglich. Zudem ist eine atomistische Marktstruktur, bei der kein Investor Einfluss auf den Preis eines Wertpapiers ausüben kann, ebenfalls nicht zu finden. So wird zwar ein privater Investor selten genügend Geltung besitzen, um den Kurs einer Aktie zu beeinflussen, hingegen gibt es zum Beispiel durchaus Unternehmen, die Mehrheitsanteile an anderen Unternehmen halten, und deren Management häufig bedeutenden Einfluss ausüben kann.

Ansatzpunkt für Kritik ist zudem das Marktportfolio. Dabei wird nicht nur kritisiert, dass es in der Realität kaum möglich ist, alle am Markt vorhandenen Wertpapiere in entsprechenden Anteilen zu halten. Da dieses nahezu unmöglich ist, wird auch die Testbarkeit des CAPM angezweifelt.[53] Häufig wird statt des Marktportfolios ein Index als Ersatz benutzt, allerdings kann so nur überprüft werden, ob der Index effizient im Sinne der Portfoliotheorie ist.

Zusammenfassend kann gesagt werden, dass die Annahmen einige Schwierigkeiten bei der Frage bereiten, ob das CAPM auf die Realität übertragbar ist. Empirische Tests zeigen kein eindeutiges Bild. So bestätigen ältere Tests die Aussagen des CAPM, während neuere diesen widersprechen. Es werden zudem Anomalien entdeckt, die durch das CAPM nicht erklärt werden können.[54] Diese Kapitalmarktanomalien sollen nun aufgezeigt werden.

---

[51] vgl. Hug, 1993, S. 160ff
[52] vgl. Hug, 1993, S. 160ff
[53] vgl. Steiner/ Bruns, 1995, S. 24f
[54] vgl. Kottke, 2005, S. 16ff

3.1.2 CAPM-Anomalien

Als Anomalien bezeichnet man Tatsachen und Beobachtungen, die nicht mit der jeweiligen Theorie konsistent sind. Das CAPM und die Annahme informationseffizienter Märkte wurden in der Vergangenheit durch zahlreiche empirische Studien getestet. Diese Tests bestätigen teilweise beide Bereiche der Kapitalmarkttheorie, allerdings zeigen sie mitunter auch Anomalien auf den Kapitalmärkten auf, die im Widerspruch dazu stehen. Diese Anomalien lassen sich unterscheiden in Anomalien gemessen an der Effizienzmarkthypothese und Anomalien des CAPM.[55]

Die Annahme effizienter Märkte kann durch die Erkenntnis der *Tendenz zum Mittelwert* angezweifelt werden. In einem effizienten Markt ist es sinnlos, Analysen vergangener Kursmuster zur Prognose zukünftiger Kurse heranzuziehen, da Kursveränderungen unkorreliert sind und keine Autokorrelationsmuster aufweisen. Untersuchungen von Lo/Kinlay und Fama/French zeigen allerdings, dass sich durchaus signifikante Autokorrelationen finden lassen. Auffällig ist, dass kurzfristig positive und langfristig negative Autokorrelationen zu finden sind. Damit werden zukünftige Erträge prognostizierbar. Diese Korrelationsmuster lassen sich sowohl mit einem ineffizienten Markt, als auch mit im Zeitablauf schwankenden Risikoprämien in einem effizienten Markt erklären.[56] Unter diesen Effekt fällt auch das Closed-End Fund Puzzle. Es besagt, dass auf realen Märkten die Preise der Anteile geschlossener Aktienfonds nicht dem Marktwert der im Fonds enthaltenen Wertpapiere entsprechen. Die Preise notieren anfangs eher über dem Marktwert, während sie später darunter liegen, und zeigen damit eine Tendenz zum Mittelwert. Rational erklärt werden kann die Unterbewertung durch einen Abschlag in Höhe des Barwerts der Fondskosten.[57]

Weiter kann für einen effizienten Markt angenommen werden, dass Prognosefehler des Marktpreises nicht systematisch mit der Prognose variieren und damit nicht vorhersehbar sind. Daraus ergibt sich die Annahme, dass die Varianz des realisierten Preises unter der der Prognosevariablen liegt. Betrachtet man nun eine Preisbildung, in der sich der Gegenwartswert einer Aktie nur durch die zukünftigen, erwarteten Dividendenzahlungen ergibt, und verbindet dieses mit der eben dargestellten Annahme eines effizienten Marktes, dann erhält man die Grundthese der Excess-Volatility Tests. Diese überprüfen, ob Aktienkurse nicht stärker schwanken, als die Veränderungen des erwarteten Dividendenstroms dies erlauben. Ein solcher Test kann allerdings nur eine

---

[55] vgl. Röckemann, 1995, S. 20f
[56] vgl. Röckemann, 1995, S. 22ff
[57] vgl. Müller, 2003, S. 97ff

Gemeinschaftshypothese prüfen, die das Dividend Discount-Model, die Annahme konstanter erwarteter Erträge von Aktien und die Annahme rationaler Erwartungen umfasst. Arbeiten aus den 1980er Jahren zeigen, dass Aktienkurse durchaus mehr schwanken, als die Veränderungen der Dividendenströme vorgeben. Eine zufriedenstellende Erklärung gibt es für das Phänomen der *Excess Volatility* aber nicht.[58]

Neben den ersten beiden Anomalien existieren noch die kalenderzeitlichen Anomalien. Wie bereits gezeigt, sind Renditen von Aktien in einem effizienten Markt nicht korreliert, weshalb es auch nicht zu systematischen Mustern kommen kann. Empirische Arbeiten zeigen jedoch, dass es in realen Märkten eine Vielzahl von saisonalen Renditemustern gibt. Das bedeutet, dass es zu bestimmten Zeiten zu höheren oder niedrigeren Renditen als im Durchschnitt kommt. Unter die kalenderzeitlichen Anomalien fallen insbesondere der *Januar-Effekt*, der *Monatsend-Effekt* und der *Montags-Effekt*. Unter dem Januar-Effekt versteht man eine signifikant höhere mittlere Rendite von Aktien im Januar, als im Rest des Jahres. Als rationale Erklärung wird eine zeitvariable Risikoposition angenommen, so finden sich im Januar vergleichsweise hohe Beta-Werte.[59]

Der Monatsend-Effekt zeigt, dass es in Märkten am Monatswechsel zu überdurchschnittlichen Renditen kommt. Unterdurchschnittliche Renditen werden dagegen beim Montags-Effekt beobachtet Im Gegensatz zum Montag weist dabei der Freitag Renditen auf, die über dem Wochendurchschnitt liegen. Rationale Erklärungen für diese Effekte konnten bisher nicht gefunden werden.[60]

Nicht nur die Annahme des effizienten Marktes wird durch Anomalien in Frage gestellt, auch das CAPM wird durch sie widerlegt. Es kann bewiesen werden, dass neben dem Betafaktor auch die Unternehmensgröße und das Price-Earnings-Ratio Erklärungsgehalt für Renditen besitzen. Die bekannteste Anomalie beschreibt der *Small Firm Size-Effekt*. So besteht zwischen der Unternehmensgröße und den Renditen der Unternehmen eine gegenläufige Beziehung. Aktien kleiner Unternehmen weisen im Mittel risikobereinigt höhere Renditen auf, als größere Unternehmen. Als Erklärung wird die Vernachlässigung kleinerer Firmen durch Analysten herangezogen.[61] Das führt zum *Neglected Firms-Effekt*, der besagt, dass für kleine Unternehmen, die wenig Aufmerksamkeit von Analysten erhalten, und über die es deshalb nur wenige Informationen gibt, höhere Prämien gefordert werden, um das übernommene höhere Risiko zu kompensieren.[62]

---

[58] vgl. Röckemann, 1995, S. 24f
[59] vgl. Užík, 2004, S. 49f
[60] vgl. Užík, 2004, S. 49f
[61] vgl. Garz/ Günther/ Moriabadi, 2004, S. 92ff
[62] vgl. Entrup, 1995, S. 99

Der *Price-Earnings-Effekt* zeigt, dass Aktien mit geringer Price-Earnings-Ratio überdurchschnittliche Renditen erzielen. Erklärt wird dieser Effekt mit der temporären Unterbewertung von Unternehmen mit geringem Price-Earnings-Verhältnis, da zukünftige Renditen durch den Markt unterschätzt werden. Sobald dieser Irrtum erkannt wird, kommt es zu Kursanpassungen nach oben und damit zu Überrenditen.[63]

Eine weitere Anomalie ist der *Winner-Loser- Effekt*. Es kann beobachtet werden, dass Aktien mit überdurchschnittlichen Renditen langfristig schlechtere Renditen als der Markt aufweisen, während Aktien mit unterdurchschnittlichen Renditen langfristig besser als der Markt abschneiden. Ein Erklärungsansatz ist die Overreaction, wonach Winner-Aktien zu teuer und Loser-Aktien zu billigen werden und damit zu niedrige bzw. zu hohe Renditen im Vergleich zum Markt erzielen.[64]

Auch in Bezug auf das CAPM lassen sich kalenderzeitliche Anomalien beobachten. Es wird festgestellt, dass saisonale Muster nicht nur bei der Rendite, sondern auch bei der Messung des systematischen Risikos auftreten. So werden zum Beispiel im Januar auffällig hohe systematische Risiken beobachtet.[65] Aufgrund dieser Erkenntnisse sind viele Studien zu finden, die untersuchen, ob die Effizienzmarkthypothese und das CAPM in realen Märkten Bestand haben.

3.1.3 Relativierung der Annahmen des CAPM

Seitdem diese Anomalien entdeckt und erforscht werden, stellt sich die Frage, ob der umfangreiche Prämissenkatalog des CAPM weiterhin Bestand haben sollte, oder ob sinnvolle Lockerungen möglich sind. Wie bereits gezeigt, werden dabei besonders die neoklassischen Annahmen zum vollkommenen Markt betrachtet. Es werden Vorschläge zur Erweiterung des CAPM gemacht. Die wichtigsten Beiträge kommen von Brennan, Merton, Lintner, Mayers und Black.[66]

Brennan erweitert das CAPM um ein Steuersystem. Dividendeneinkünfte und Einkünfte aus Kurswertsteigerungen unterliegen beim Investor nun nicht mehr gleichen Steuersätzen. Die Betrachtung des Ein-Perioden-Falls weicht bei Merton einem intertemporalen Kapitalmarktmodell mit kontinuierlichem Handel. Annahmegemäß folgen die Wertpapiererträge dabei einer Log-Normalverteilung.[67]

---

63 vgl. Müller, 2003, S. 97ff
64 vgl. Schmidt, 2004, S. 29ff
65 vgl. Röckemann, 1995, S. 30f
66 vgl. Wilhelm, 2000, S. 92f
67 vgl. Weber, 1990, S. 80f

Entgegen der Prämisse des CAPM, dass Investoren homogene Erwartungen besitzen, sind häufig heterogene Erwartungen zu finden. Lintner versucht diesem Umstand gerecht zu werden und passt das Modell an. Dabei nehmen Erwartungswerte und Kovarianzen der Wertpapierrenditen gewogene Mittelwerte der Erwartungen aller Anleger an. Zudem induziert die Aufgabe der Annahme der homogenen Erwartungen, dass die Anleger im Kapitalmarktgleichgewicht nicht mehr das identische Marktportfolio halten. Dieses erscheint sinnvoll, da ein einheitliches risikobehaftetes Portfolio ebenfalls kritisiert wird. Auch die Modellerweiterung von Mayers bewirkt, dass nicht mehr alle Investoren das gleiche risikobehaftete Portfolio halten müssen. Das wird durch den Einbezug sogenannter nichtmarktfähiger Wertpapiere, wie zum Beispiel Humankapital, erreicht, da die Vermögensgegenstände jeweils in unterschiedlichem Maße risikobehaftet sind.[68]
Neben dem einheitlichen risikobehafteten Portfolio steht besonders die Prämisse eines risikolosen Zinssatzes in der Kritik. Dass alle Anleger zu einem einheitlichen Zinssatz unbegrenzt ihr Vermögen anlegen, beziehungsweise sich verschulden können, wird bezweifelt. Deshalb tritt bei der Erweiterung durch Black an die Stelle des risikolosen Zinssatzes die Rendite eines Portfolios, das nicht mit dem Marktportfolio korreliert ist.[69] Aufgrund der Bedeutung dieser speziellen CAPM-Erweiterung soll unter anderem auf diese im nächsten Teilabschnitt genauer eingegangen werden.

3.2 Modellerweiterungen und Entwicklungen

Wie bereits gezeigt, wird das CAPM erweitert, um die Probleme, die sich aus den restriktiven Prämissen ergeben, zu beseitigen oder zumindest abzumildern. Die bedeutensten Erweiterungen sind das Zero-Beta CAPM, das Multi-Beta CAPM und vor allem die Arbitrage Pricing Theory (APT). Aufgrund ihrer Bedeutung sollen diese genauer betrachtet werden.

3.2.1 Zero-Beta CAPM und Multi-Beta CAPM

Das von Fischer Black entwickelte Zero-Beta CAPM zeichnet sich dadurch aus, dass auf die Annahme einer risikolosen Kapitalanlagemöglichkeit verzichtet wird. Damit wird auf die Kritik reagiert, dass solch eine Anlagemöglichkeit in der Realität nicht existiert.[70] Selbst wenn festverzinsliche staatliche Wertpapiere betrachtet werden, kann nicht ausgeschlossen werden, dass auch diese Papiere einem Zinsänderungsrisiko unterliegen. Außerdem können auch das Risiko der Inflation, sowie ein gewisses Rest-Bonitätsrisiko nicht gänzlich ausgeschlossen

[68] vgl. Schmidt-Wilke, 1998, S. 107f
[69] vgl. Schmidt-Wilke, 1998, S. 108
[70] vgl. Opfer, 2004, S. 50f

werden. Statt einer risikolosen Rendite verwendet Black in seinem Modell ein varianzminimales Portfolio (z), das nicht mit dem Marktportfolio korreliert, somit einen β-Wert von 0 aufweist.[71] In der Regel ist die empirische Korrelation zwischen Aktien größer 0, deshalb wird es fast unmöglich sein, durch den Kauf von Aktien ein zum Marktportfolio unkorreliertes Portfolio zu erhalten. Aus diesem Grunde ist es bei der Konstruktion eines solchen Portfolios nötig, Leerverkäufe, also negative Wertpapierbestände, zuzulassen. Dabei erhält der Anleger einen positiven Ertrag, wenn der Preis des Wertpapiers sinkt. Anders ausgedrückt geht der Anleger short-Positionen ein, bei denen sich die positiven Korrelationen der long-Position in betragsmäßig gleiche negative Korrelationen drehen. In Verbindung mit long-Positionen verschiedener risikobehafteter Anlagen, lassen sich die short-Positionen dann zu einem zum Marktportfolio unkorrelierten, effizienten Portfolio mit einer positiven erwarteten Rendite (μ_z) und einer Standardabweichung zusammenfassen.[72]

Analog der Vorgehensweise zur Ableitung der Wertpapierlinie im klassischen CAPM ergibt sich dann die Rendite-Risiko-Beziehung folgendermaßen:

$$\mu_i = \mu_z + (\mu_M - \mu_z) * \beta_i$$

mit:

μ_i = Erwartungswert der Rendite des Wertpapiers i

μ_M = Erwartungswert der Rendite des Marktportfolios

μ_z = Erwartungswert der Rendite des Portfolio z

β_i = systematisches Risiko des Wertpapiers i

Beim Zero-Beta CAPM ergibt sich der lineare Zusammenhang zwischen der erwarteten Rendite einer Aktie und dem Marktportfolio wegen der (μ, σ)-Annahmen nur bei Vorliegen einer quadratischen Nutzenfunktion.[73] Liegt diese nicht vor, ist es möglich, ein Faktormodell wie es in Kapitel 2.2.2 aufgezeigt wurde, zugrunde zu legen.

$$\mu_i = r_f + (\mu_M - r_f) * \beta_i + \varepsilon_i$$

mit:

r_f = risikolose Anlage

ε_i = unsystematische Restgröße/ Residualrendite

---

[71] vgl. Užík, 2004, S. 53f

[72] vgl. Wilhelm, 2000, S. 92ff

[73] vgl. Opfer, 2004, S. 50ff

Dieser Ansatz lässt sich noch erweitern.[74] Wird unterstellt, dass neben dem Betawert noch andere Einflussfaktoren betrachtet werden sollen, und wird somit die Risikoprämie um eine oder mehrere Risikoprämien erweitert, die jeweils unterschiedlichen Eigenschaften der Wertpapiere Rechnung tragen, gelangt man zum Multi-Beta CAPM, für welches die Bewertungsgleichung lautet:

$$\mu_i = r_f + (\mu_M - r_f) * \beta_{iM} + \sum_{j=1}^{N} (\mu_j - r_f) * \beta_{ij} + \varepsilon_i$$

mit:

β_{iM} = Sensitivität des Wertpapiers i in Bezug auf das Marktportfolio

β_{ij} = Sensitivität des Wertpapiers i in Bezug auf den Faktor j

Die Einführung des Multi-Beta CAPM führt dazu, dass die Risikoprämie eines Wertpapiers von der Risikoprämie des Marktes und den aufsummierten Produkten aus den Risikoprämien der einzelnen Einflussfaktoren und der jeweiligen Sensitivität des Wertpapiers i in Bezug auf den Faktor j abhängt. Somit wird die erwartete Rendite einer Anlage nicht nur über den risikolosen Zinssatz, sondern auch über die Risikoprämien erklärt. Das Marktrisiko wird mit den Faktorrisiken gleichgesetzt. Das ist allerdings nur dann möglich, wenn ein vollständig diversifiziertes Marktportfolio vorhanden ist. Damit wird deutlich, dass auch hier das angreifbare Marktportfolio nicht umgangen werden kann.[75]

3.2.2 Arbitrage Pricing Theory

Die bedeutendste Weiterentwicklung des CAPM ist die Arbitrage Pricing Theory (APT). Dabei ist die APT nicht direkt eine Erweiterung, sondern vielmehr eine Alternative, die eng mit dem CAPM verbunden ist. Sie versucht ebenfalls risikobehaftete Wertpapiere im Marktgleichgewicht zu bewerten und wurde 1976/77 von Ross entwickelt, der Arbitrageprozesse untersuchte, die dieses Kapitalmarktgleichgewicht sichern. Im Gegensatz zum CAPM bildet nicht die Portfoliotheorie den Grundstein, sondern ein geschlossenes Arbitragesystem.[76]

Während die preisbeeinflussenden Faktoren im CAPM zusammengefasst und durch den β-Wert ausgedrückt werden, werden sie bei der APT differenziert betrachtet. Der Theorie wird ein Mehr-Faktorenmodell zugrundegelegt, das eine Vielzahl makroökonomischer Faktoren in die Betrachtung einbezieht.[77] Dabei sollte die Überlagerung der Einflüsse zweier

[74] vgl. Wilhelm, 2000, S. 92ff
[75] vgl. Bruns/ Meyer-Bullerdiek, 2000, S. 73f
[76] vgl. Kosfeld, 1996, S. 63f
[77] vgl. Stahlhut, 1997, S. 35

verschiedener Faktoren vermieden werden, jedoch soll auf die diesbezüglichen Annahmen an dieser Stelle nicht näher eingegangen werden.

Die APT weist einige Vorteile zum CAPM auf. Es werden bezüglich des Investorenverhaltens abgeschwächte Annahmen getroffen. Es ist nicht nötig, anzunehmen, der Investor sei risikoavers und betrachte bei seinen Entscheidungen ausschließlich die erwarteten Renditen eines Wertpapiers und deren Streuung. Somit ist die Preisbestimmung nicht mehr von normalverteilten Renditen und einer quadratischen Nutzenfunktion des Investors abhängig.[78] Darüber hinaus findet die Theorie nicht mehr nur für den Einperiodenfall, sondern auch für den Mehrperiodenfall Verwendung. Der größte Vorteil der APT zum CAPM besteht aber wohl darin, dass die empirische Testbarkeit nicht mehr davon abhängt, ob das Marktportfolio bekannt ist. Da dieses im Prinzip nicht zu beobachten ist, lässt es sich in der Realität auch kaum zusammenstellen, und hier liegt bekanntermaßen der größte Kritikpunkt an der empirischen Überprüfbarkeit des CAPM.[79]

Auch wenn gewisse Prämissen des CAPM abgemildert werden, verfügt auch die APT über einige Annahmen, die erfüllt sein müssen, damit die Theorie anwendbar ist. Zu diesen Annahmen gehören die Abwesenheit von Steuern und Transaktionskosten, und die unbeschränkte Zulässigkeit von Leerverkäufen. Es wird vorausgesetzt, dass für jeden anzulegenden Kapitalbestand mindestens ein pareto-effizientes Portfolio vorhanden ist, denn nur dann kann es ein Gleichgewicht auf dem Kapitalmarkt geben. Da für empirische Tests der Theorie der Störterm, und damit das unsystematische Risiko, vernachlässigt werden müssen, muss das Vorhandensein einer unendlich großen Anzahl an Wertpapieren am Kapitalmarkt angenommen werden.[80] Zudem besteht die Annahme, dass es zu jedem Wertpapier ein positives Angebot gibt. Nur so ist gewährleistet, dass jedes Wertpapier zur Konstruktion eines pareto-effizienten Portfolios herangezogen werden kann. Bezüglich der Investoren werden homogene Erwartungen angenommen. Damit wird die Bevorzugung bestimmter Wertpapiere ausgeschlossen und festgelegt, dass alle Anleger daran glauben, dass sich die Renditen der Wertpapiere durch ein k-Faktorenmodell bestimmen lassen.[81]

Die wichtigste Annahme der APT, mit dem Ziel zu einer linearen Bewertungsgleichung zu kommen, ist die Prämisse der Arbitragefreiheit des Marktes. Das bedeutet, dass Arbitragemöglichkeiten grundsätzlich ausgeschlossen werden und somit ein Portfolio, das keinen Kapitaleinsatz erfordert und darüber hinaus kein systematisches Risiko enthält, keinen

---

[78] vgl. Schmidt-Wilke, 1998, S. 110f
[79] vgl. Ulschmid, 1994, S. 65
[80] vgl. Ulschmid, 1994, S. 67f
[81] vgl. Peters, 1987, S.27f

Ertrag erzielen kann. Nur durch das Eingehen von systematischem Risiko ist die Erzielung von Ertrag möglich.[82]

Die lineare Bewertungsgleichung der APT, die sogenannte Wertpapiermarktebene sieht dann so aus:

$\mu_i = r_f + \gamma_1 * \beta_{i,1} + \gamma_2 * \beta_{i,2} + ... + \gamma_k * \beta_{i,k}$, für alle i = 1,…, N

Die Parameter γ_K werden auch als Faktorprämien bezeichnet und entsprechen in ihrer Interpretation der Marktrisikoprämie $(R_M - r_f)$ im CAPM.[83] Man stelle sich ein Wertpapierportfolio vor, dessen Rendite vollständig positiv mit dem Risikofaktor korreliert. Dann gilt:

$\gamma_k = R_k - r_f$

Weicht der Markt von der Wertpapiermarktebene ab, bedeutet dieses, dass sich der Markt nicht mehr im Gleichgewicht befindet. Dann kommt es zu Arbitragemöglichkeiten, die zu Preisanpassungen führen, bis der Markt ins Gleichgewicht zurückkehrt.[84] Obwohl die APT gewisse Ähnlichkeiten zum CAPM aufweist, können beide Modelle nicht gleichgesetzt werden, da sie auf unterschiedlichen Annahmen beruhen. Vor allem ist es nicht möglich, die Faktorprämie γ als Risikoprämie des Marktportfolios zu interpretieren. Nur in dem einen Fall, dass in beiden Modellen der gleiche Index als Ausdruck des Marktportfolios bzw. des einen Faktors, in der univariaten Form der APT, gewählt wird, stimmen CAPM und APT überein.[85]

3.2.3 Vorteile und Nachteile der Entwicklungen

Durch die Entdeckung der Kapitalmarktanomalien wurde die Unantastbarkeit des CAPM in Frage gestellt und versucht, Schwachstellen zu finden und auszubessern. Dabei sind die gezeigten Erweiterungen entstanden.

Durch das Zero-Beta CAPM kann die Annahme des Vorliegens eines risikolosen Zinssatzes aus der Betrachtung ausgeschlossen werden. Da dieses eine der umstrittensten Annahmen ist, ist hier eindeutig der Vorteil der Modifikation zu sehen. Mit dem Multi-Beta CAPM kann die eindimensionale Betrachtung aller möglichen systematischen Risikofaktoren in Form des β im CAPM ersetzt werden durch den Einbezug zum Betafaktor alternativer Einflussfaktoren. Dadurch wird eine mehrfaktorielle CAPM-Interpretation möglich. Dennoch bleiben bei den Varianten des CAPM die sehr restriktiven Prämissen des Grundmodells im Allgemeinen erhalten, weshalb sich teilweise die gleichen Probleme ergeben.

[82] vgl. Garz/ Günther/ Moriabadi, 2004, S. 72ff
[83] vgl. Garz/ Günther/ Moriabadi, 2004, S. 72ff
[84] vgl. Garz/ Günther/ Moriabadi, 2004, S. 72ff
[85] vgl. Schmidt-Wilke, 1998, S. 110f

Die APT ist dagegen eher als Alternative zum CAPM zu sehen, da sie entwickelt wurde, um die realitätsfernen Annahmen des CAPM zu relativieren und eine alternative Bewertungsmethode bereit zustellen. Die APT verfügt über mehrere Vorteile gegenüber dem CAPM, aber auch über Nachteile. Der größte Vorteil wird darin gesehen, dass innerhalb der APT das systematische Risiko durch mehrere Einflüsse in Form von k Faktoren erklärt wird. Dadurch ist ein differenzierter Blick in die Risikostruktur von Wertpapieren möglich.[86]
Außerdem ist die APT ökonomisch besser zu interpretieren, insbesondere wenn man sich für vorab spezifizierte, makroökonomische Faktoren entscheidet. Ebenso ist die APT besser durch empirische Studien zu testen, da das nicht-beobachtbare Marktportfolio nicht Voraussetzung der Theorie ist. Zudem entfällt die Annahme, dass Investoren sich entsprechend der μ-σ- Regel verhalten. Insgesamt kann durch empirische Tests nachgewiesen werden, dass die APT einen höheren Erklärungsgehalt aufweist und Renditeeffekte erklären kann, die durch das CAPM nicht zu erklären sind.[87]
Aber die APT besitzt auch Nachteile. So gibt die APT keine Hinweise darauf, welche Einflussfaktoren wichtig sind und innerhalb der Theorie betrachtet werden sollten. Das kann dazu führen, dass willkürlich Faktoren ausgewählt werden, und es in Folge dessen zu Scheinzusammenhängen kommt.[88] Außerdem bildet auch hier der vollkommene Kapitalmarkt das Fundament der Theorie, weshalb es zu ähnlichen Problemen wie im CAPM kommen kann. Darüber hinaus werden nur die kapitalmarktbezogenen Prämissen entschärft. Allerdings werden in empirischen Studien nicht nur Kapitalmarktanomalien, sondern auch investorbezogene, und somit verhaltenstheoretische, Anomalien aufgedeckt. Diese können weder durch das CAPM, noch durch eine der Entwicklungen erklärt werden. Deshalb entstand ein neuer Forschungszweig, der im nächsten Kapitel dargestellt werden soll.

[86] vgl. Peters, 1987, S. 40
[87] vgl. Garz/ Günther/ Moriabadi, 2004, S. 77f
[88] vgl. Peters, 1987, S. 40

4. Entwicklung einer „positiven“ Sichtweise zur Behavioral Finance

Das CAPM gilt in der neoklassischen Kapitalmarkttheorie als elegante Methode, um Wertpapierpreise zu bestimmen. Bis in die 1970er Jahre war es unbestritten, dass das Modell einzigartig in seinem Erklärungsgehalt sei. Es wurde angenommen, dass nun die finanzielle Welt erklärbar sei und der Wissenschaft starke Werkzeuge zur Verfügung ständen, um die Finanzmärkte zu studieren und zu quantifizieren. Die sehr restriktiven Annahmen störten nicht, solange sie nicht widerlegt wurden, denn jede Wissenschaft und jede Theorie braucht Annahmen, die verallgemeinern und vereinfachen, um anwendbar zu sein. Die neoklassische Forschung ging nicht nur davon aus, mit dem CAPM ein umfassendes Modell geschaffen zu haben, sondern auch davon, dass die Annahmen effizienter Märkte der Realität entsprächen.[89] Zweifel an der Unanfechtbarkeit des CAPM kamen erst Ende der 1970er Jahre auf, als Untersuchungen die ersten Anomalien aufzeigten. Nach dem „Fehler“ wurde am Anfang in der Annahme des vollkommenen Kapitalmarktes gesucht. So wurden einzelne Restriktionen aufgehoben, und es entstanden die Erweiterungen, wie sie in den vorhergehenden Kapiteln vorgestellt wurden. In den 1980er Jahren wurde dann die Hypothese des effizienten Marktes, besonders durch die Entdeckung der Excess Volatility, in Frage gestellt. Excess Volatility beschreibt die Erkenntnis, dass Wertpapiere übermäßige Volatilitäten in Relation zu dem zeigen, was bei Annahme effizienter Märkte erwartet werden kann.[90] Und obwohl diese Anomalie in die Sparte der Kapitalmarktanomalien eingeordnet wird, führte die Entdeckung zu Diskussionen, aus denen einige Wissenschaftler die Erkenntnis zogen, dass Aktienpreise nicht nur durch veränderte fundamentale Daten der Unternehmen schwanken, sondern dass es andere Faktoren gibt, die den Aktienkurs beeinflussen können. Zu diesen Faktoren gehören individual- und massenpsychologische Effekte.[91] Zweifel kamen auf, ob Informationen wirklich, so wie gefordert, direkt, vollständig und richtig in die Preise eingehen und sich in ihnen widerspiegeln. In den 1990er Jahren wurde der Grund für die unvollständige Informationsverarbeitung bei dem Investor gesucht. Es wurde nicht mehr versucht, anomale Phänomene an Kapitalmärkten durch Ökonometrie und Mathematik zu analysieren. Stattdessen wurde die Psychologie in die Betrachtung mit einbezogen und es entwickelte sich die Behavioral Finance.[92] Die tatsächlichen Informationsverarbeitungsvorgänge des

---

[89] vgl. Shiller, 2003, S.83f
[90] vgl. Shiller, 2003, S. 84f
[91] vgl. Jegadeesh, 1995, S. 396f
[92] vgl. Shiller, 2003, S. 90f

Menschen wurden untersucht und aufgrund dessen die angenommene Rationalität des Investors in Frage gestellt. Die Behavioral Finance lässt Irrationalitäten im Entscheidungsverhalten, unvollkommene Informationen und durch Transaktionskosten und Verhaltensrisiken eingeschränkte Arbitragemöglichkeiten zu.[93] Die bekanntesten Begründer der Behavioral Finance sind Daniel Kahnemann, Richard Thaler, Amos Tversky, Robert Shiller und Andrei Shleifer. Sie versuchen, Finanzmarkforschung und Psychologie zu vereinen. In den folgenden Abschnitten soll die Behavioral Finance dargestellt, das Verhalten der Investoren in der Realität betrachtet und einige wichtige Modelle aufgezeigt werden.

4.1 Verhaltenswissenschaftliche Entdeckungen

Im Mittelpunkt der Betrachtungen der Behavioral Finance steht der Mensch und sein tatsächliches Verhalten. Nicht der rationale Mensch, der homo oeconomicus, mit allen seinen Annahmen und Restriktionen, sondern der wirkliche Mensch, der Investor am Markt, der Aktien verkauft und kauft und sich dabei keineswegs so verhält, wie es die Kapitalmarkttheorie vorschlägt. Behavioral Finance untersucht dieses tatsächliche Verhalten und blickt dabei auf über dreißig Jahre experimenteller Forschung zurück. Zu welchen Erkenntnissen sie dabei kommt, soll in den nächsten Abschnitten dargestellt werden.

4.1.1 Verhaltensanomalien

Ende der 1990er Jahre wurden die Preise von Technologie-, Telekommunikations- und Medienunternehmen weit über das Niveau, das fundamentale Werte vorgaben, gehoben. Grund dafür waren Spekulationsblasen, die sich aufgrund von falschen Erwartungen und systematischem Fehlverhalten der Investoren bildeten. Solche Bubbles sind keine neue Erscheinungsform an den Kapitalmärkten, sondern Phänomene, wie sie bereits im 17. und 18. Jahrhundert bei der Tulpenmanie in Holland, bei der Südsee-Bubble in England oder der Mississippi-Bubble in Frankreich beobachtet werden konnten.[94] Wie bei der Spekulationsblase des Neuen Marktes in den 1990er Jahren zu sehen war, ist es in der Regel irgendwann so, dass solche Bubbles platzen. Sie besitzen eine begrenzte Lebensdauer, allerdings ist es für die Wirtschaftssubjekte nicht voraussehbar, wann das Ende der Bubble gekommen ist und sie platzt.[95]

Zurückzuführen sind solche Auswüchse des Kapitalmarktes auf Verhaltensanomalien. Kursanomalien, wie sie bereits beschrieben wurden, entstehen häufig erst durch das

---

[93] vgl. Müller, 2003, S. 93
[94] vgl. Garber, 1990, S. 36
[95] vgl. Rentmeister, 1994, S. 29

Zusammentreffen von Verhaltensanomalien und Kapitalmarktineffizienzen. Die Psychologen Kahnemann und Tversky führten in den 1970er Jahren umfangreiche empirische Untersuchungen zum menschlichen Entscheidungsverhalten durch und konnten Anomalien, bezogen auf die Erwartungsnutzentheorie, aufzeigen. Dabei wurde als Grund vor allem auf die begrenzte Informationsaufnahme und –verarbeitungskapazität verwiesen. Der Mensch besitzt nur begrenzte kognitive Fähigkeiten und eine knappe Aufmerksamkeitsspanne. Zudem strebt er selten optimale Lösungen an, als vielmehr solche, die ein bestimmtes Anspruchsniveau erfüllen. Außerdem werden Erwartungen nicht nur von neuen Informationen, sondern auch von Erfahrungen der Vergangenheit beeinflusst.[96] So wird der Mensch durch seine eigenen geistigen und emotionalen Fähigkeiten daran gehindert, optimale Lösungen zu erkennen und zu nutzen.

Dass es nun auf den Kapitalmärkten systematisch zu falschen Preisen kommt, führt die Behavioral Finance auf drei Annahmen zurück. Die unzureichenden Informationsverarbeitungsfähigkeiten bilden die erste Annahme. Die zweite Annahme beruht darauf, dass diese Eigenschaft so weitreichend unter den Menschen verbreitet ist, dass selbst bei Betrachtung großer Menschengruppen diese nicht so stark diversifizierbar ist, dass sie irrelevant wird. Schließlich wird angenommen, dass es nur eingeschränkte Arbitragemöglichkeiten gibt, da die rationalen Investoren, die die Falscheinschätzungen der nicht-rationalen Investoren ausnützen müssten, nur unter erschwerten Bedingungen, oder auch gar nicht, in der Lage sind, ihre Arbitragebemühungen auszuführen.[97] Gründe dafür sind zum Beispiel die Kosten oder auch der Zeithorizont.

Aufgrund dieser Annahmen ist es entscheidend, die nicht-rationalen Investoren zu betrachten, da sie verhindern, dass es zu Gleichgewichtspreisen kommt, womit den Gleichgewichtsmodellen der Kapitalmarkttheorie die Grundlage entzogen wird.

4.1.2 Axiome oder "heuristics and biases"

Die Axiome nach von Neumann und Morgenstern formen den rationalen Menschen. Die Forschung der Behavioral Finance zeigt dagegen, dass der Mensch aus Heuristiken und Biases besteht. Entscheidungssituationen beinhalten häufig eine Vielzahl von Informationen und eine große Menge an Variablen, die untereinander Abhängigkeiten aufweisen können. Aufgrund der mentalen und emotionalen Eigenschaften des Menschen, und seiner dadurch bedingten eingeschränkten kognitiven Fähigkeiten, versucht er in solchen

[96] vgl. Dörner, 2006, S. 306ff
[97] vgl. Chan/ Frankel/ Kothari, 2004, S. 8f

Entscheidungssituationen die gegebene Komplexität zu reduzieren.[98] Da er effizient mit seinen mentalen Ressourcen umgehen muss, wendet er regelmäßig Heuristiken an, also bestimmte Mechanismen der Informationsverarbeitung, die sich dadurch auszeichnen, dass sie mit wenig Aufwand in geringer Zeit zu einem Ergebnis kommen.[99] Dieses Ergebnis muss allerdings keineswegs optimal sein. Heuristiken werden häufig dann angewendet, wenn eine Entscheidung schnell erfolgen muss, oder zu viele bzw. zu wenige Informationen vorhanden sind. Sie können bewusst oder unbewusst erfolgen. Gerade durch die unbewusste Anwendung von Heuristiken kommt es an den Kapitalmärkten zum Auftreten von Anomalien.[100]
Anomalien treten auch deshalb auf, weil der Mensch mit Vorurteilen und vorgefertigten Einstellungen, sowie Emotionen in Entscheidungssituationen tritt. Dadurch kommt es zu Missinterpretationen, die wiederum zu Wertpapierpreisen führen, die von den fundamentalen Werten abweichen. Es lassen sich Biases bei den Erwartungen und den Präferenzen des Investors unterscheiden.[101] Die Konsequenz aus diesen Eigenschaften des Menschen zeigt sich also in von der Rationalität abweichenden Verhaltensweisen. Es soll nun ein Überblick über einige dieser Anomalien aufgezeigt und der darin liegende Widerspruch zur Rationalität dargestellt werden.

4.1.2.1 Übersicht der Anomalien

Es wurden bereits zu Beginn dieser Arbeit die am Kapitalmarkt auftretenden CAPM- oder Kursanomalien aufgezeigt. Aber wie dargestellt, existieren neben den Kursanomalien auch Verhaltensanomalien, die auf eingeschränkte kognitive Fähigkeiten des Menschen zurückzuführen sind. Es gibt viele verschiedene Ansichten darüber, wie diese Anomalien geordnet werden sollten. Oftmals sind auch Arbeiten zu finden, die keine erkennbare Ordnung aufweisen. Anomalien treten in der Regel in Entscheidungssituationen auf und Heuristiken finden häufig zur Komplexitätsreduzierung bei einer Flut von Informationen Anwendung. Deshalb soll die Einordnung, in Anlehnung an die Tabelle von Götte[102], so aussehen, dass zuerst die Informationswahrnehmungsanomalien, dann die Anomalien im Bereich der Informationsverarbeitung und am Schluss die Entscheidungsanomalien dargestellt werden.
In die Kategorie der Informationswahrnehmungsanomalien fallen eine ganze Reihe von Anomalien. An dieser Stelle soll sich die Darstellung auf einige ausgewählte Phänomene beschränken:

---

[98] vgl. Dörner, 2006, S. 306ff
[99] vgl. Nietsch/ Friedrich, 1999, S. 13f
[100] vgl. Eilenberger, 2003, S. 392f
[101] vgl. Coval/ Shumway, 2005, S. 5ff
[102] vgl. Götte, 2006, S. 60f

Selektive Wahrnehmung: Neue Informationen werden nur dann aufgenommen, wenn sie den eigenen Vorstellungen und Meinungen entsprechen. Dazu im Widerspruch stehende Informationen werden ignoriert.[103]

Verfügbarkeitsheuristik: Investoren bewerten oftmals gut zugängliche, auffällige und leicht verständliche Informationen über. Das gilt auch für Erinnerungen, die im Gedächtnis bleiben, weil sie sich zum Beispiel mit einem Bild verbinden.[104]

Framing-Effekt: Gleiche Informationen werden aufgrund einer unterschiedlichen Präsentation verschieden wahrgenommen und bewertet. Auch das Umfeld, in dem eine Information wahrgenommen wird, spielt dabei eine Rolle.[105]

Ambiguitätsaversion: Werden unsichere Alternativen durch einen Investor bewertet, und kann er den Alternativen keine Wahrscheinlichkeiten zuordnen, so empfindet er dieses als Kontrollverlust, so dass solche Alternativen eher verdrängt werden.[106]

Repräsentativitätsheuristik: Vorgegebene Wahrscheinlichkeiten werden ignoriert und die Beurteilung von Wahrscheinlichkeiten findet auf der Grundlage von bestimmten Denkmustern statt. Passt ein Sachverhalt in ein Denkschema, das sich zum Beispiel durch eigene Erfahrungen oder Ansichten gebildet hat, wird es verstärkt wahrgenommen.[107]

Risikowahrnehmung: Bei länger anhaltenden Kurssteigerungen neigen Investoren zu einer abnehmenden Risikoempfindung. Diese abnehmende Risikosensitivität kann jedoch in bestimmten Situationen plötzlich umschlagen.[108]

Auch in der Kategorie der Informationsverarbeitungsanomalien sollen nur einige ausgesuchte Erscheinungen dargestellt werden:

Konservativismus: Investoren fürchten grundsätzlich Kontrollverluste. Deshalb werden neue Informationen häufig nicht sofort bewertet, sondern es wird versucht, den Status Quo aufrechtzuerhalten. Es findet also nur eine verzögerte Anpassungsreaktion auf neue Informationen statt.[109]

Mentale Konten: Aufgenommene Informationen werden bewertet und gespeichert. Dabei neigen Anleger dazu, ökonomisch zusammenhängende Sachverhalte zu trennen und in unterschiedliche mentale Konten einzuordnen. Entscheidungen werden dann nur innerhalb des mentalen Kontos optimiert und Wechselwirkungen mit anderen Konten ignoriert. Das

---

[103] vgl. Oehler, 1992, S. 100
[104] vgl. Oehler, 1992, S. 101
[105] vgl. Tversky/ Kahnemann, 2000b, S. 216f
[106] vgl. Kottke, 2005, S. 107
[107] vgl. Müller, 2003, S. 117f
[108] vgl. Jünemann/ Schellenberger, 1997, S. 562
[109] vgl. Camerer, 2004, S. 154

kann dazu führen, dass gleiche Alternativen in unterschiedlichen Konten anders bewertet werden.[110]

Verankerungseffekt: Investoren setzen häufig sogenannte Anker. Das bedeutet, dass sich Prognosen sehr stark an Ausgangsdaten orientieren. Das führt dazu, dass mögliche Abweichungen in zu engen Bandbreiten gesehen werden.[111]

Referenzpunkteffekt: Gewinne und Verluste werden relativ zu einem Referenzpunkt bewertet. Aus dieser Erkenntnis ergibt sich auch die Prospect Theory, auf die später genauer eingegangen wird.[112]

Risikobewertungsbias: Risiko wird in der Realität durch Investoren ganz anders wahrgenommen, als es die Kapitalmarkttheorie vorgibt. Die Prospect Theory zeigt, dass sich Anleger in Verlustsituationen risikofreudiger zeigen, als in Gewinnsituationen. Außerdem kann Risiko in verschiedenen emotionalen Zuständen auch unterschiedlich bewertet werden. Dazu kommt, dass Menschen intuitiv unter Risiko nur die negative Abweichung von einem Zielwert verstehen. Dieses Risikoverständnis ist mit den symmetrischen Risikomaßen der Kapitalmarkttheorie nicht vereinbar.[113]

Präferenzumkehr: Bei der Wahl einer Alternative orientieren sich Investoren mehrheitlich an der Höhe der Gewinnwahrscheinlichkeit. Bei der Bepreisung wird dann aber die mögliche Gewinnhöhe betrachtet. Das kann dazu führen, dass zwar eine Alternative A einer Alternative B vorgezogen, diese dann aber trotzdem niedriger bepreist wird.[114]

Im Anschluss an die Anomalien bei der Informationswahrnehmung und –verarbeitung, sollen nun noch einige der auftretenden Entscheidungsanomalien betrachtet werden.

Kontrollillusion: Wie bereits dargestellt, versucht der Investor Kontrollverluste zu vermeiden. Doch oftmals glauben Investoren, dass sie das Resultat ihrer Entscheidung beeinflussen können. Wird dieses dem Investor durch mehrmalige zufällige Erfolge bestätigt, kann sich das in einer Selbstüberschätzung auswirken. Dieses Phänomen wird auch *Overconfidence-Bias* genannt.[115]

Verlustaversion: Verluste werden in der Regel höher bewertet als Gewinne in der gleichen Höhe. Dieses ist darauf zurück zu führen, dass Menschen Verluste mit einer falschen

---

[110] vgl. Thaler, 2004, S.75ff
[111] vgl. Goldberg/ Nitzsch, 2000, S. 66ff
[112] vgl. Götte, 2006, S. 61
[113] vgl. Müller, 2003, S. 123f
[114] vgl. Müller, 2003, S. 126
[115] vgl. Tversky, 1995, S. 4f

Entscheidung gleichsetzen, was wiederum Kontrollverlust bedeutet. Auf diese Anomalie wird bei der Darstellung der Prospect Theory näher eingegangen.[116]

Kognitive Dissonanz: Gemeint sind damit mentale Konflikte, die dann auftreten, wenn der Investor die Richtigkeit seiner Entscheidung bezweifelt. Ist eine Entscheidung mit starken emotionalen Bindungen behaftet, werden neue Informationen, die der Entscheidung entgegenstehen, ignoriert.[117]

Regretaversion: In Zweifelsfällen neigen Investoren dazu, eher gar nichts zu tun, als einen Verlust zu riskieren. Dieser Verlust wäre durch eine aktive Fehleinschätzung entstanden, die stärker bewertet wird, als ein durch Passivität entstandener Verlust in gleicher Höhe.[118]

Herdenverhalten: Entscheidungsträger werden durch das Verhalten Dritter beeinflusst. Schenken einige Investoren bestimmten Dingen eine gewisse Aufmerksamkeit, führt das dazu, dass das Interesse anderer Investoren daran geweckt wird. Die Wahrnehmung der Umwelt, aber auch die Urteile und Bewertungen werden beeinflusst. Es kommt zu gleichgerichtetem Verhalten vieler Wirtschaftssubjekte.[119]

Warum sich die Kapitalmarkttheorie nicht mit dem Auftreten dieser Anomalien vereinbaren lässt, soll im nächsten Teilabschnitt betrachtet werden.

4.1.2.2 Widersprüche zur Kapitalmarkttheorie

Das Auftreten und die Beobachtung dieser Anomalien begründeten erste Zweifel an der Aussagekraft der Kapitalmarkttheorie und vor allem an ihren Annahmen. Die empirischen Untersuchungen zeigen zwar, dass Investoren in der Regel tatsächlich risikoavers sind, ihre Risikoaversion ist aber keineswegs konstant. So wird Risiko oftmals in Relation zu Referenzpunkten wahrgenommen.[120] Vor allem aber besitzen Investoren in der Regel ein einseitiges Risikoverständnis. Nur negative Abweichungen von einem Zielwert werden als Risiko wahrgenommen, positive Abweichungen betrachtet der Investor dagegen als Chance, die er nicht zu meiden, sondern zu nutzen versucht. Das symmetrische Risiko, wie es die Kapitalmarkttheorie vorsieht, ist für den Investor eher unverständlich.

Neben der bedingten Ablehnung der Annahme der Risikoaversion, muss besonders die Annahme der Rationalität kritisch betrachtet werden. Investoren verarbeiten erhaltene Informationen nicht immer sofort, vollständig und richtig. Im Gegenteil verdrängen Investoren manche Informationen vorläufig oder ignorieren sie sogar ganz und bewerten sie

[116] vgl. Kahnemann/ Knetsch/ Thaler, 2000, S. 165f
[117] vgl. Kottke, 2005, S. 63
[118] vgl. Götte, 2006, S. 61
[119] vgl. Müller, 2003, S. 131
[120] vgl. Götte, 2006, S. 61

falsch. Sie lassen sich beeinflussen von Meinungsführern, den Massen oder eigenen Erfahrungen und Einstellungen. Sie sortieren manche Informationen aus und bewerten andere dafür über. Oder sie nehmen Informationen auf, bewerten diese auch richtig, aber treffen keine Entscheidung, aus Angst, dass sie falsch sein könnte.[121]

Wenn diese sehr fehlerhafte Informationsverarbeitung betrachtet wird, muss auch die Effizienzmarkthypothese in Frage gestellt werden. Denn werden die Informationen durch die Investoren nicht vollständig aufgenommen und bewertet, dann ist auch zweifelhaft, ob sich in den Preisen alle Informationen widerspiegeln.

Da durch die beschränkten kognitiven Fähigkeiten des Menschen ein rationales Denken und Handeln unmöglich erscheint, wird in der Behavioral Finance nach einem Ausweg gesucht und eine Quasi-Rationalität beschrieben. Diese soll nun dargestellt werden.

4.1.2.3 Von der Rationalität zur Quasi-Rationalität

„A drunk walking through a field can create a random walk, despite the fact that no one would call his choice of direction rational."[122]

Rationales Verhalten bedeutet, dass ein Investor mit seinen Handlungen versucht, seinen Nutzen zu maximieren. Es gibt am Markt aber auch Investoren, die ein nicht nutzenmaximierendes Verhalten zeigen. Sie verhalten sich demnach irrational. Samuelson zeigt dieses Verhalten anhand eines Tests. Man konfrontiert ein Individuum, auch als Agent bezeichnet, mit einem Einkommens-Preis Vektor (Y, *p*) und beobachtet die Wahl x. Danach präsentiert man diesem Agenten den Einkommens-Preis Vektor (*m*Y, *mp*), wobei *m* eine positive Konstante darstellt. Nur wenn der Agent wieder x wählt, verstößt er nicht gegen das Axiom der vollständigen Ordnung, denn durch die Multiplikation mit der Konstanten *m* wird das Entscheidungsproblem nicht verändert.[123] Oft verändert sich aber dennoch die Wahl. Kahnemann und Tversky untersuchen diese Verhaltensweise ebenfalls und stellen fest, dass die Entscheidung des Agenten von der Präsentation der Alternativen abhängt und nennen diesen Effekt „Framing".[124] Dieser Effekt ist einer der ersten entdeckten Anomalien. Aus ihren Erkenntnissen schließen Kahnemann und Tversky, dass rationales Verhalten bei Agenten ausgeschlossen werden kann, und stattdessen von einem quasi-rationalen Agenten ausgegangen werden muss, der solche Handlungsweisen zeigt, die Fehler bei der Einordnung von Alternativen beeinhalten.[125]

[121] vgl. Götte, 2006, S. 60ff
[122] Thaler, 1999, S. 14
[123] vgl. Thaler/ Russel, 1994, S. 240
[124] vgl. Thaler/ Russel, 1994, S. 240f
[125] vgl. Thaler/ Russel, 1994, S. 243f

Herbert Simon prägt den Begriff der bounded rationality, also der beschränkten Rationalität. Er stellt fest, dass Entscheider nicht in der Lage sind, alle relevanten Informationen eines Problems in der Zeit zu verarbeiten, die eine Entscheidung erfordert. Seine Arbeit offenbart ebenfalls, dass Entscheider häufig nicht alle Informationen vollständig wahrnehmen, zu denen sie Zugang haben. Er stellt einen stark beschränkten Informationsverarbeitungsprozess des Menschen fest.[126] In den Arbeiten von Simon beschreibt er, dass der Mensch zu Maximierungskalkülen, wie die Kapitalmarkttheorie sie fordert, nicht in der Lage ist. Vielmehr trifft der Mensch seine Entscheidungen nach einer "Satisficing-Strategie", danach strebt er also vielmehr Alternativen an, die eine Mindestanforderung erfüllen, statt die beste Alternative zu finden.[127] Simon schreibt in einer späteren Arbeit, dass bounded rationality eine Rationalität widerspiegelt, „(...) that is consistent with our knowledge of human choice behavior, assumed that the decisionmaker must search for alternatives, has egregiously incomplete and inaccurate knowledge about consequences of actions that are expected to (...) attain targets while satisfying constraints."[128]

Es gibt verschiedene psychologische Gründe für quasi-rationales Denken und Handeln. Es sind interaktionsbedingte Gründe zu nennen, die sich darin äußern, dass Entscheider sich von anderen Entscheidern und deren Meinungen beeinflussen lassen, denn Entscheider stehen in Interaktion miteinander und zeigen deshalb häufig ein interdependentes Verhalten. Daneben treten emotionale und motivationale Gründe. Sie begründen sich auf der Tatsache, dass verschiedene Stimmungslagen die Entscheidungen eines Menschen beeinflussen. Außerdem strebt der Investor nach Kontrolle und Erhöhung des Selbstwertgefühls, weshalb er teilweise anders entscheidet, als es die Kapitalmarkttheorie vorgibt, oder er vermeidet gänzlich eine Entscheidung.[129] Quasi-rationales Verhalten beinhaltet damit die Akzeptanz von „Fehlern" in der Informationsaufnahme und –verarbeitung, aber auch eine veränderte Präferenzordnung, die im nächsten Teilabschnitt betrachtet wird.

4.1.3 Veränderte Präferenzen

Die Behavioral Finance stellt nicht nur in Frage, dass ein Agent tatsächlich rational denkt und handelt, sondern auch dass die Annahmen bezüglich der Präferenzen in der Neoklassik realistisch sind. Die Standard Präferenzen Theorie enthält unter anderem die Annahme, dass Präferenzen unabhängig von Referenzen sind, und Investoren sich nicht von ihrer gegenwärtigen, vergänglichen Aktienposition beeinflussen lassen. Außerdem wird

---

[126] vgl. Schwartz, 2002, S. 182
[127] vgl. Pelzmann, 2006, S. 11ff
[128] Simon, 1997, S. 17
[129] vgl. Müller, 2003, S. 105ff

angenommen, dass Präferenzen nicht durch die Weise, in der Alternativen beschrieben werden, beeinflusst werden können, und sich die wahren Präferenzen nicht verändern.
Doch wie schon bei der Rationalität, kann auch hier mit dem von Kahnemann und Tversky entdeckten „Framing-Effekt" begründet werden, warum die Annahmen auf verschiedene Weise verletzt werden. So kann die Art der Präsentation verschiedener Alternativen durchaus die Präferenzordnung eines Agenten verändern. Kahnemann und Tversky zeigen dieses in einer Untersuchung aus dem Jahr 1981 anhand der „Asien Krankheit". Hier wird die Testperson vor die Wahl zwischen zwei nicht wünschenswerten Alternativen gestellt, wobei eine Situation vorgegeben wird, in der 600 Menschen in Gefahr sind. In einem „positiven Frame" wählt die Testperson zwischen den Alternativen (A) 200 Leben sicher retten oder (B) eine 1/3 Chance alle 600 Menschen zu retten, mit einem 2/3 Risiko niemanden zu retten. In einem „negativen Frame" wählt er zwischen den Alternativen (C) 400 Menschen sterben sicher oder (D) mit einem 2/3 Risiko sterben alle und mit einer 1/3 Chance stirbt keiner.
Unabhängig davon, dass sowohl die Alternativen A und C sowie B und D identisch sind, entscheiden sich die meisten Menschen für A vor B, aber D vor C.[130]
Neben dem Framing-Effekt, der zu einer Veränderung der Präferenzordnung führt und auf den bereits eingegangen wurde, sollen hier nun vor allem die Phänomene der referenzabhängigen Bewertung, der Zeitinkonsistenz und der Fairness betrachtet werden.

4.1.3.1 Referenzabhängigkeit und Zeitinkonsistenz

Feststehende, klar definierte Präferenzen, die den Entscheidungen eines Agenten unterliegen, werden in der Kapitalmarkttheorie zwar angenommen, die empirische Forschung zeigt aber, dass diese Annahme nicht ganz zutrifft oder sogar falsch ist. Agenten besitzen Präferenzen die nicht unabhängig von äußeren Umständen sind und sich im Zeitablauf verändern können.
Tversky und Kahnemann zeigen, dass Präferenzen in Entscheidungssituationen systematisch variieren und zwar abhängig davon, was von dem Agenten als Referenzpunkt wahrgenommen wird. Referenzpunkte können zum Beispiel der Status Quo oder der Einstandskurs eines Wertpapiers sein. Der Investor ist eher bereit, sich für eine Alternative zu entscheiden, wenn diese dem Status Quo entspricht, als wenn diese davon differiert.[131] Die umfassendste Arbeit zu dem Thema stammt von den beiden genannten Wissenschaftlern und ist unter dem Begriff der theory of reference-dependent preferences bekannt. Dabei gehen Tversky und Kahnemann davon aus, das Referenzpunkte exogen vorgegeben sind.[132] Sie untersuchen dabei

[130] vgl. Camerer/ Loewenstein, 2004, S. 12f
[131] vgl. Camerer, 2004, S. 154f
[132] vgl. Munro/ Sugden, 2003, S. 407ff

das Verhalten von Konsumenten und deren Einstellung zu ihrem Konsumbündel. Die Untersuchungen zeigen, dass Menschen eine Abneigung dagegen haben, Waren aus ihrem Konsumbündel zu verlieren. Diese Abneigung ist größer, als die Freude über dazu gewonnene Güter. In einem einfachen Experiment werden zwei Gruppen betrachtet. Die Menschen in der einen Gruppe erhalten Füller, die in der anderen Gruppe bekommen Becher. Alle bekommen die Möglichkeit, ihren Gegenstand zu minimalen Kosten zu tauschen. Nur 22% der Probanden nutzen diese Möglichkeit. Dieser Wert ist mit einer angenommenen Unabhängigkeit von der willkürlichen Ausstattung nicht vereinbar. Dieser niedrige Wert suggeriert die Abscheu des Menschen, Dinge die er besitzt zu verlieren.[133] Die theory of reference-dependent preferences ist stark mit der Prospect Theory von Tversky und Kahnemann verbunden, die später näher betrachtet wird.

Die Wissenschaftler der Behavioral Finance können anhand der Empirie nicht nur die Abhängigkeit der Präferenzen von einem Referenzpunkt feststellen, sondern auch deren Zeitinkonsistenz. Eine Untersuchung von Thaler lässt darauf schließen, dass Präferenzen nicht zeitkonsistent sind. In einer Untersuchung sagt er den Probanden, sie hätten im Lotto gewonnen und ständen nun vor der Wahl, das Geld sofort zu bekommen oder es bei der Bank zu belassen. Sie werden gefragt, wie viel Entschädigung sie dafür fordern würden, das Geld auf der Bank zu lassen, damit es ihnen ebenso attraktiv erscheine, wie eine sofortige Auszahlung. Dann legt Thaler implizite discount rates für unterschiedliche Geldbeträge und Zeitverzögerungen fest, unter der Annahme dass die Befragten eine lineare Nutzenfunktion haben. Die discount rates nehmen linear mit der Dauer der Zeitverzögerung ab. Dieses Phänomen ist unter dem Begriff „immediacy effect" bekannt.[134] Discount rates vermindern sich, wenn der Zeithorizont wächst. Aus dem Effekt kann geschlossen werden, dass Menschen bei langfristigen Plänen, deren Kosten und Nutzen in der Zukunft liegen, relativ weitsichtig handeln. Hingegen verhalten sie sich bei kurzfristigen Plänen, deren Kosten und Nutzen unmittelbar anfallen, relativ kurzsichtig. Die systematischen Veränderungen der Entscheidungen führen zu einer Zeitinkonsistenz bei intertemporalen Wahlen, die es in einem exponentiellen Modell nicht gibt. Ein Agent, dessen Nutzen exponentiell abfällt, würde sich heute bei Konfrontation mit demselben Entscheidungsproblem und denselben Informationen genauso entscheiden, wie zu dem zukünftigen Zeitpunkt, wenn die Zeit für die Entscheidung tatsächlich gekommen ist.[135] Der Agent mit einem zeitinkonsistenten hyperbolic discounting wünscht sich zwar, in der Zukunft weitsichtig zu handeln, wenn die zukünftige

[133] vgl. Camerer/ Loewenstein, 2004, S. 15f
[134] vgl. Camerer/ Loewenstein, 2004, S. 22f
[135] vgl. Steul, 2003, S. 34

Entscheidungssituation dann aber gekommen ist, handelt er anders und zieht sofortige Prämien einem langfristigen Wohl vor.[136]

Viele Autoren, wie Thaler, Shelling oder Thaler/Shefrin untersuchen aufgrund dieser Erkenntnisse die Bedeutung der Selbstkontrolle innerhalb dieses Effektes. Der present-bias Effekt zeigt, dass Agenten in Situationen, in denen Kosten sofort anfallen, dazu neigen, zu warten, obwohl sie handeln sollten. Wenn hingegen ein Nutzen sofort anfällt, neigen Agenten dazu sofort zu handeln, obwohl sie warten sollten.[137]

Wichtig ist zu prüfen, ob Agenten ihr Selbstkontrollproblem erkennen („sophisticated") oder nicht („naive"). Der sophistication effect zeigt den direkten Unterschied zwischen intellektuellen und naiven Agenten. Ein intellektueller Agent handelt früher als ein naiver Agent mit den gleichen Präferenzen, ungeachtet, ob Nutzen oder Kosten sofort anfallen. Eine intellektuelle Person ist intuitiv eher pessimistisch und glaubt, im Gegensatz zur naiven Person, nicht daran, dass sie sich in der Zukunft so verhält, wie sie es in der Gegenwart für richtig hält.[138]

Innerhalb der Zeitinkonsistenzforschung können weitere Anomalien festgestellt werden, auf die an dieser Stelle aber nicht weiter eingegangen werden soll. Dass auch das Verständnis für Fairness zu Veränderungen der Präferenzordnung führen kann, soll im folgenden Abschnitt dargestellt werden.

4.1.3.2 Fairness

Die Annahme der Eigennützigkeit und der stetigen Maximierung des eigenen Vermögens eines Agenten ist in der Neoklassik weit verbreitet und stellt eine nützliche, und zu weiten Teilen richtige Vereinfachung dar. Doch auch hier werden durch Untersuchungen Verhaltensweisen aufgedeckt, die dieser Annahme entgegenstehen. So kommt es manchmal dazu, dass Agenten Teile ihres Vermögens ausgeben, um solche Agenten zu bestrafen, durch die sie geschädigt wurden oder um solche zu belohnen, die ihnen geholfen haben, oder um einfach Ergebnisse gerechter zu machen.[139]

Kahnemann, Knetsch und Thaler untersuchen das soziale Empfinden bei verschiedenen Menschen in unterschiedlichen ökonomischen Situationen. Eine Situation beschreibt einen Eisenwarenhändler, der seine Schneeschaufeln für €15 verkauft. Nach einem Schneesturm hebt der Händler die Preise für Schneeschaufeln auf €20. Es sind nun 107 Personen befragt worden, ob sie dieses Szenario für fair oder unfair halten. 82 Prozent der Befragten empfinden

---

[136] vgl. Camerer/ Loewenstein, 2004, S. 23
[137] vgl. Frederick/ Loewenstein/ O'Donoghue, 2004, S. 102ff
[138] vgl. O'Donoghue/ Rabin, 2004, S. 223ff
[139] vgl. Fehr/ Gächter, 2004, S. 510ff

es als unfair, da der Eisenwarenhändler einen Vorteil aus einer kurzzeitigen Nachfragesteigerung, ausgelöst durch einen Schneesturm, zu erlangen versucht.[140] Agenten verbinden also starke Gefühle mit den kurzfristigen Preisentscheidungen von Unternehmen. Sie empfinden es als unfair, wenn Preissteigerungen nicht auf steigende Kosten zurückzuführen sind. So wird zum Beispiel das Ausnutzen von Marktmacht als unfair empfunden und das Zahlen von Monopolpreisen verweigert, auch wenn dadurch auf ein begehrtes Gut verzichtet werden muss.[141] Für ein faires Ergebnis sind Menschen bereit, Nutzeneinbußen zu akzeptieren. Sie sind aber durchaus bereit, „faire" Preissteigerungen, die auf sinkende Nachfrage zurückzuführen sind, zu akzeptieren.[142]

Diese Art des Verhaltens lässt darauf schließen, dass es für Agenten so etwas wie einen sozialen Nutzen gibt. In der Literatur wird dies häufig auf eine egoistische Ungerechtigkeits-Aversion zurückgeführt. Agenten mit dieser Art von Aversion kümmern sich nicht um Ungerechtigkeit im Allgemeinen, sondern versuchen nur Fairness zwischen der Aufteilung des eigenen Vermögens in Relation zum Vermögen der anderen zu schaffen. Das trifft nicht für alle Agenten zu. So wird es diejenigen geben, die einen sozialen Nutzen in fairem Verhalten sehen, andere dagegen verhalten sich weiterhin eigennützig und erreichen nur dadurch eine Nutzensteigerung.[143] Diese Aufteilung der Agenten lässt auf heterogene Präferenzen schließen. Diese Heterogenität der Präferenzen beeinflusst das ökonomische Gefüge, so dass es unter bestimmten Umständen dazu kommen kann, dass ein eigennütziger Agent eine große Anzahl an ungerechtigkeitsaversen Agenten veranlasst, in einer komplett eigennützigen Art zu handeln. Andersherum ist es aber ebenso möglich, dass Umstände vorherrschen, unter denen ein ungerechtigkeitsaverser Agent eine große Menge von eigennützigen Agenten zu fairem Verhalten veranlasst. Überdies bewirkt die Existenz von ungerechtigkeitsaversen Agenten, dass die eigennützigen Agenten Preise zahlen, die über dem Wettbewerbsniveau liegen.[144] Die Annahme heterogener Präferenzen widerspricht, neben den anderen präsentierten Anomalien, den Vorgaben der Kapitalmarkttheorie bezüglich der Nutzenfunktion der Agenten. Deshalb haben die Wissenschaftler der Behavioral Finance versucht, die Nutzenfunktion diesen Erkenntnissen anzupassen. Das Ergebnis der Bemühungen soll nun vorgestellt werden.

---

[140] vgl. Kahnemann/ Knetsch/ Thaler, 2004, S. 253f
[141] vgl. Ebering, 2005, S. 73
[142] vgl. Okun, 1981, S. 170
[143] vgl. Fehr/ Schmidt, 2004, S. 271ff
[144] vgl. Fehr/ Schmidt, 2004, S. 272ff

4.1.4 Prospect Theory und ihre „Nutzenfunktion"

Die Kapitalmarkttheorie geht davon aus, dass der Investor am Finanzmarkt ein risikoaverser Nutzenmaximierer ist. Aufgrund seiner risikoaversen Einstellung besitzt er eine konkave Nutzenfunktion. In der Behavioral Finance wird jedoch bezweifelt, dass die Erklärung der Risikoaversion durch die konkave Nutzenfunktion plausibel und in der Realität haltbar ist.
Rabin und Thaler nennen das folgende Beispiel: Ausgehend von der Betrachtung eines risikoaversen, nutzenmaximierenden Investors, der ein Spiel mit einer 50 zu 50 Chance €10 zu verlieren und €11 zu gewinnen, immer ablehnt, kann daraus folgend auch gesagt werden, wie sich dieser Investor bei einem Spiel mit einer 50% Chance €100 zu verlieren und einer 50% Chance €2,5 Milliarden zu gewinnen, verhalten wird. Er wird dieses Spiel ablehnen, auch wenn es ökonomisch unverständlich wirkt, denn er wird jedes Spiel mit einem 50%igen Risiko €100 zu verlieren, ablehnen, egal wie hoch der mögliche Gewinn ist. Er wird also für einen möglichen Gewinn kein Risiko eingehen. Um dieses Problem zu beheben, müsste von einer absurd strengen Risikoaversion gegenüber sehr großen Einsätzen ausgegangen werden.[145]
Um diese Schwierigkeiten, die sich mit der Annahme der Nutzenfunktion und ihrem konkaven Verlauf ergeben, zu umgehen, entwickelten Kahnemann und Tversky die Prospect Theory, die zwar realistischere Verhaltensannahmen beinhaltet, die mit der Erwartungsnutzentheorie dennoch verbunden ist.[146] Sie beschreibt das menschliche Verhalten in unsicheren Entscheidungssituationen. Der Name Prospect Theory geht zurück auf die Prospects, die Ereignisse darstellen, die mit einer bestimmten Wahrscheinlichkeit p_i zu einem Ergebnis x_i führen. Dabei gilt $p_1 + p_2 + ... + p_n = 1$.[147]
Die Theorie stützt sich auf einige Verhaltensanomalien, die bereits kurz angesprochen wurden. Zum einen ist der Referenzpunkteffekt zu nennen, der besagt, dass Individuen in Entscheidungssituationen häufig verstärkt die Unterschiede zwischen der aktuellen Situation und einem Referenzniveau wahrnehmen, während absolute Charakteristika unbeachtet bleiben. Der Nutzen wird dann als Abweichung von einem festgelegten Punkt gemessen. Als Referenzpunkte sind aktuelle Werte, also der Status Quo, der Kaufpreis einer Aktie, deren Höchst- oder Tiefsstand und andere relevante Vergleichspunkte denkbar. Aufgrund dessen sind Referenzpunkte selten konstant, sondern können sich immer wieder ändern.[148]

---

[145] vgl. Rabin/ Thaler, 2001, S. 219ff
[146] vgl. Olsen, 1997, S. 225
[147] vgl. Kahnemann/ Tversky, 1979, S. 263
[148] vgl. Kudlich, 2002, S. 8ff

Außerdem wird die Verlustaversion betrachtet. Individuen weisen einem Gewinn einen bestimmten Nutzen zu. Ein Verlust in der gleichen Höhe bedeutet allerdings keineswegs eine Nutzeneinbuße in gleicher Höhe. Oftmals ist ein Verlust mit stärkeren negativen Empfindungen belegt als ein Gewinn mit positiven Empfindungen.[149] Bei dem Zusammentreffen beider Anomalien entwickelt sich der Status Quo Bias, denn Menschen bevorzugen aufgrund ihrer Risikoaversion die gegenwärtige Situation vor einer veränderten Situation.[150]

In enger Verbindung mit der Verlustaversion ist der Endowment Effekt zu sehen, der besagt, dass Menschen Güter, die sie besitzen, höher bewerten als zu dem Zeitpunkt vor dem Besitz. Damit würden ein Gewinn und ein anschließender Verlust nicht einen Netto-Nutzen von Null, sondern einen negativen Nutzen hervorbringen.[151]

Als weitere Anomalie zur Entwicklung der Prospect Theory ist noch die abnehmende Sensitivität von Bedeutung. In der Nähe des Referenzpunktes werden Zustandsänderungen stärker wahrgenommen, und die Empfindungen verändern sich stärker, als in einem vom Referenzpunkt weiter entfernten Bereich. Daraus kann geschlossen werden, dass in Verbindung mit monetären Werten Individuen im Gewinnbereich risikoavers sind, während sie im Verlustbereich risikofreudig agieren.[152]

Ausgehend von diesen Annahmen über das Verhalten eines Individuums, unterscheidet die Prospect Theory zwei Phasen des Entscheidungsfindungsprozesses. Die erste Phase ist die Editierungsphase. Hier findet die Entscheidungsvorbereitung statt. Ziel ist es, „ (...) to organize and reformulate the options so as to simplify subsequent evaluation and choice."[153]

Um dieses Ziel zu erreichen, können verschiedene Operationen durchgeführt werden, um die Prospects, also die Ergebnisse und jeweiligen Eintrittswahrscheinlichkeiten, in eine Form zu bringen, die kognitiv besser zu verarbeiten ist. Zu diesen Operationen gehören vor allem *Kodierung*, *Kombination*, *Segregation* und *Streichung*.[154]

Kodierung: Individuen sehen Ergebnisse eher als Gewinn oder Verlust, statt als endgültigen Stand des Vermögens. Diese Gewinne und Verluste werden relativ zu einem Referenzpunkt bewertet, der häufig der aktuellen Vermögenslage entspricht. Durch mögliche Prospects oder durch die Erwartungen des Entscheiders wird die Lage des Referenzpunktes beeinflusst.

[149] vgl. Wakker/ Zank, 2002, S. 1254
[150] vgl. Kahnemnn/ Knetsch/ Thaler, 2000, S. 103
[151] vgl. Camerer, 2004, S. 154f
[152] vgl. Kudlich, 2002, S. 10
[153] Kahnemann/ Tversky, 1979, S. 274
[154] vgl. Kottke, 2005, S. 122f

Kombination: Prospects werden dadurch vereinfacht, dass bei Auftreten gleicher Ergebnisse die dazugehörigen Wahrscheinlichkeiten kombiniert werden. So ergibt sich aus dem Prospect (100;0,25/100;0,25) durch Kodierung das Prospect (200;05).[155]
Segregation: Risikolose Komponenten eines Prospects werden durch die Segregation von den risikobehafteten Komponenten getrennt. So wird zum Beispiel aus dem Prospect (300;0,8/200;02) ein sicherer Gewinn von 200 und ein unsicherer Prospect (100;0,8).
Streichen: Es werden identische Elemente von alternativen Prospects isoliert und gestrichen. So werden aus den Prospects (200;0,/100;0,5/-50;0,3) und (200;0,2/150;0,5/-100;0,3) nach Streichung die Prospects (100;0,5/-50;0,3) und (150;0,5/-100;0,3).[156]
Es sollen noch die zwei weiteren möglichen Operationen *Vereinfachung* und *Eliminierung dominierter Alternativen* genannt werden. Die erste Operation beschreibt die Möglichkeit, Ergebnisse und Wahrscheinlichkeiten durch Rundung zu vereinfachen. Durch die zweite Operation werden offensichtlich dominierende Prospects aus der Betrachtung ausgeschlossen.[157]
An die Editierungsphase schließt sich die Bewertungsphase an. Hier wird die Wertefunktion betrachtet. Es wird davon ausgegangen, dass alternative Prospects in Abhängigkeit des Referenzpunktes bewertet werden. Zudem wird angenommen, dass die Wertefunktion im Gewinnbereich konkav und im Verlustbereich konvex ist und sie zudem im Verlustbereich steiler verläuft als im Gewinnbereich. Es wird ein S-förmiger Verlauf angenommen. Mit dieser Wertefunktion lässt sich erklären, warum sich Individuen im Gewinnbereich risikoscheu und im Verlustbereich risikosuchend verhalten.[158] Auch die oben genannten Anomalien können, neben einigen anderen, damit erklärt werden.
Neben die Wertefunktion tritt die Wahrscheinlichkeitsgewichtungsfunktion $\pi(p)$. Durch sie wird jeder Wahrscheinlichkeit p ein Gewicht zugeordnet. Damit stimmen Wahrscheinlichkeit und Gewicht nicht überein. Zu der Gewichtungsfunktion werden einige Annahmen getroffen. So ist die Gewichtungsfunktion π grundsätzlich eine steigende Funktion von p, wobei $\pi(0)=0$ und $\pi(1)=1$. Damit entsprechen die Gewichte den Wahrscheinlichkeiten dann, wenn absolut sichere oder unmögliche Ergebnisse vorliegen.[159]
Die Prospect Theory hat entscheidend dazu beigetragen, die Probleme der klassischen Erwartungsnutzentheorie zu lösen und die beobachteten Anomalien einzubeziehen. Aufgrund von Einsichten über tatsächliche Präferenzen kann die Prospect Theory als Erklärung für viele

---

155 vgl. Kahnemann/ Tversky, 2000, S. 28f
156 vgl. Eisenführ/ Weber, 2003, S. 376f
157 vgl. Kahnemann/ Tversky, 2000, S. 29
158 vgl. Thaler, 2004, S. 77f
159 vgl. Kahnemann/ Tversky, 2000, S. 34f

der gefundenen Phänomene dienen. Schwachpunkte der Prospect Theory werden durch die Erweiterung zur Cumulative Prospect Theory beseitigt. Es wird eine Veränderung an der Gewichtungsfunktion vorgenommen, so dass die Entscheidungsgewichte der positiven Ergebnisse und der negativen Konsequenzen getrennt betrachtet und berechnet werden. Dieses führt zu unterschiedlichen Gewichtungsfunktionen für positive und negative Ergebnisse, die sich stark von der der Prospect Theory unterscheiden. Die Verläufe der Funktionen ähneln sich und weisen einen umgekehrt S-förmigen Verlauf auf. Sie sind konkav für kleine Wahrscheinlichkeiten und konvex für große Wahrscheinlichkeiten.[160] Diese Eigenschaft trägt der Erkenntnis Rechnung, dass beim Übergang von Unmöglichkeit zu geringer Wahrscheinlichkeit, ebenso wie beim Übergang von Sicherheit zu hoher Wahrscheinlichkeit, starke Veränderungen in der Entscheidungsfunktion auftreten, da niedrige Wahrscheinlichkeiten überbewertet und hohe Wahrscheinlichkeiten unterbewertet werden.[161]

Die Disappointment Theory und die Regret Theory können als alternative Erklärungsansätze zur Prospect Theory angesehen werden. Allerdings unterscheiden sich ihre Annahmen grundlegend von der Prospect Theory, denn beide Theorien beinhalten emotionale Entscheidungskomponenten. So werden Wahrscheinlichkeit und Nutzen möglicher Entscheidungskonsequenzen ergänzt durch Komponenten wie „Enttäuschung“ und „Bedauern“.

Bei der Disappointment Theory wird davon ausgegangen, dass sich ein Agent auf eine unsichere Entscheidungsalternative festlegt und dann eine Erwartung bezüglich der Umweltentwicklung bildet. Die Konkretisierung des Umweltzustandes kann dann unterschiedliche Folgen haben. Befindet sich die Realisation unter der Erwartung, tritt zu einem gewissen Grad eine Enttäuschung (disappointment) ein, werden die Erwartungen übertroffen, tritt dagegen Freude ein (elation). Damit kann die Erwartung als Referenzpunkt angesehen werden. Die Empfindung des Gesamtnutzens ist also nicht nur vom Nutzen der Konsequenz allein, sondern zusätzlich von der Abweichung des Nutzens von dem Referenzpunkt, hier der Erwartung, abhängig. Damit sind Entscheidungen kontextsensitiv.[162]

Die Regret Theory geht davon aus, dass der Nutzen jeder Entscheidungsalternative nicht allein und unabhängig von der jeweils anderen betrachtet werden darf. Stattdessen müssen bei jeder Entscheidungsalternative die alternativen Entscheidungsmöglichkeiten in die Betrachtung mit einbezogen werden. Grund dafür ist, dass mit den Alternativen Bedauern

---

[160] vgl. Tversky/ Kahnemann, 2000b, S. 46ff
[161] vgl. Nwogugu, 2006, S. 456f
[162] vgl. Kottke, 2005, S. 132f

(Regret) oder Freude (rejoining) verbunden sein können. Stellt sich zum Beispiel die Entscheidung für eine Alternative im Nachhinein als falsch heraus, während die Entscheidung für eine andere Alternative besser gewesen wäre, dann führt das zu Bedauern. Zusammenfassend ergibt sich der Gesamtnutzen aus dem Nutzen der Entscheidungsalternative in allen Zuständen und aus dem Faktor Bedauern oder Freude, der sich aus dem Nutzenvergleich der Alternative, bei Annahme von nur zwei Alternativen, in den jeweiligen zustandabhängigen Ausprägungen ergibt.[163]

4.2 Preisbildung mit Hilfe von Behavioral Finance-Erkenntnissen

In den nun folgenden Abschnitten sollen Modelle aufgezeigt werden, die die Erkenntnisse der Behavioral Finance, insbesondere in Bezug auf die entdeckten Anomalien, einbeziehen. Die uneingeschränkte Gültigkeit der neoklassischen Kapitalmarkttheorie wird ebenso wie die der Theorie der Portfolio-Selektion von den Wissenschaftlern der Behavioral Finance angezweifelt. Dabei werden nicht die Wichtigkeit und die Bedeutung der Preisbildungsmodelle der Neoklassik in Frage gestellt. Lediglich die Annahme der Rationalität des Menschen wird mit Hilfe von Untersuchungen, die Verhaltensanomalien feststellen, widerlegt. Es werden Versuche unternommen, die Diskrepanz zwischen den Modellen und den Untersuchungen durch Modifikationen zu verringern. Dabei sind verschiedene Ansätze entstanden, von denen drei der bedeutendsten aufgezeigt werden sollen: die Behavioral Portfolio Theory, der Noise Trading Ansatz und das Overconfidence-Model. Während die Behavioral Portfolio Theory versucht, die Theorie der Portfolio-Selektion nach Markowitz mit Hilfe der verhaltenswissenschaftlichen Erkenntnisse zu modifizieren, dienen der Noise Trading Ansatz und das Overconfidence-Model als Alternativen zum CAPM.

4.2.1 Behavioral Portfolio Theory

Ziel der Behavioral Portfolio Theory ist es, das ursprünglich Modell der Portfolio-Selection durch verhaltenswissenschaftliche Erkenntnisse zu ergänzen. Sie geht auf Shefrin und Statman zurück und baut sowohl auf der Prospect Theory, als auch auf der SP/A- Theory von Lopes auf. Die Behavioral Portfolio Theory (BPT) versucht zu erklären, welche Auswirkungen psychologische Faktoren auf die Zusammenstellung von Portfolios haben.
Die Linie der effizienten Portfolios in der Mean-Variance Betrachtung weicht grundlegend von der der BPT ab. Ebenso unterscheiden sich die optimalen BPT-Portfolios, die eine Kombinationen aus Bonds und Lotterien darstellen, von den optimalen CAPM-Portfolios, die

[163] vgl. Kottke, 2005, S. 134

eine Kombination aus dem Marktportfolio und der risikofreien Anlage sind.[164] Shefrin und Statman unterscheiden in ihrer Arbeit zwei Ausprägungen der BPT. Zum einen BPT in einer Single mental account-Version (BPT-SA), die davon ausgeht, dass alle Wertpapiere eines Portfolios in einem mentalen Konto gehalten werden und Investoren Kovarianzen betrachten, und zum anderen BPT in einer multiple mental account-Version (BPT-MA), in der die Wertpapiere in separate Konten eingeordnet werden und Investoren Kovarianzen übersehen.[165]

Da die SP/A Theory das entscheidungstheoretische Fundament für die BPT bildet, soll diese zuerst in ihren Grundzügen dargestellt werden. Die SP/A Theory ist in erster Linie eine allgemeine Theorie zur Erklärung von Entscheidungen unter Unsicherheit und weniger eine Theorie zur Erklärung von Portfoliobildung. Dabei steht das S für Sicherheit (security), P für Potential (potential) und A für Anspruchsniveau (aspiration level).[166] Entscheidungen werden sowohl von einem dispositiven Faktor, als auch von einem situativen Faktor gelenkt. Der dispositive Faktor, den „SP" verkörpern, beschreibt die Motive dafür, dass Investoren versuchen, Sicherheit zu erreichen oder Potentiale auszuschöpfen. Menschliche Reaktionen auf plötzlich erscheinende Bedürfnisse und Möglichkeiten werden durch den situativen Faktor „A" gekennzeichnet.[167]

Grundlage für die Untersuchungen von Lopes sind die Safety-First Ansätze von Arazac/Bawa, die von einem einseitigen Risikoverständnis ausgehen. Risiko bedeutet hier, dass das Vermögen unter ein festgelegtes Minimum-Level fällt. Ausgangspunkt der SP/A Theory bildet die dekumulative Verteilungsfunktion: D(x)= prob{W≥c}, mit W als Endvermögen, x als Sicherheitsschwelle und D(x) als Wahrscheinlichkeit für das Erreichen eines bestimmten sicheren Wertes x.[168] In Lopes Theorie sind die zwei Emotionen Angst (fear) und Hoffnung (hope) für die Bereitschaft, Risiko einzugehen, verantwortlich. Werden nun *n* Zustände in einer Entscheidungssituation betrachtet, so kann für jeden Zustand *i* eine Eintrittswahrscheinlichkeit $p_i = prob\{W_i\}$, mit *i* = 1,…,n und ein Endvermögen W_i angegeben werden. Die Envermögenszustände werden in eine Rangreihe gebracht, $W_0 = 0 \le W_1 \le W_2 \le ... \le W_n$. Das erwartete Endvermögen *E(W)* kann als

[164] vgl. Shefrin/ Statman, 2000, S. 127
[165] vgl. Shefrin/ Statman, 2000, S. 127
[166] vgl. Shefrin/ Statman, 2000, S. 131
[167] vgl. Lopes, 1987, S. 275ff
[168] vgl. Shefrin/ Statman, 2000, S. 131f

$E(W) = \sum_{i=1}^{n} D_i (W_i - W_{i-1})$ dargestellt werden, wobei der Investor W_i mit Sicherheit $(D_1 = 1)$ erhält, den zusätzlichen Betrag $(W_2 - W_1)$ mit der Wahrscheinlichkeit D_2 etc.[169]

Die Theorie von Lopes zeigt, dass Investoren im Fall von Angst, was gleichzusetzen ist mit dem Streben nach Sicherheit, die Wahrscheinlichkeiten der schlechtesten relativ zu den besten Endvermögenszuständen übergewichten und demnach einen sehr hohen Wert für D_1 und einen sehr niedrigen Wert für D_n verwenden. Sie verhalten sich also extrem pessimistisch bei der Berechnung von *E(W)*. Im Gegensatz dazu verhalten sich Investoren im Falle von Hoffnung, also bei dem Streben nach Ausnutzung der Potentiale, extrem optimistisch. So werden bei der Berechnung von *E(W)* sehr niedrige Werte für D_1 und sehr hohe Werte für D_n verwendet.[170]

Diese Verhaltensweisen gehen in die Berechnung des erwarteten Endvermögens über eine dekumulative Transformationsfunktion *h(D)* ein. Sie enthält zwei Bestandteile, h_s und h_p. Das Streben nach Sicherheit S wird durch die Formel verdeutlicht: $h_s(D) = D_S^{1+q}$. Da q>0 ist, erhält man überproportional hohe Werte für D. Für das Streben nach Potentialen steht die Formel: $h_P(D) = 1 - (1 - D)^{1+q}$.[171] Lopes argumentiert, dass die Emotionen Angst und Hoffnung allen Individuen innewohnen, und jede Emotion dazu beiträgt, die dekumulative Gewichtefunktion zu modifizieren. Die endgültige dekumulative Transformationskurve ist eine konvexe Kombination aus h_s und h_p, die die jeweilige relative Stärke anzeigt: $h(D) = \delta h_s(D) + (1-\delta) h_P(D)$, wobei δ die jeweilige Stärke von Angst und Hoffnung anzeigt.[172] Das erwartete Endvermögen wird schließlich mit der Formel berechnet: $E_h(W) = \sum_{i=1}^{n} r_i W_i$, mit $r_i = h(D_{i+1}) - h(D_i)$. Angst führt dabei zu einem $E_h(W)$ kleiner als *E(W)*, Hoffnung dagegen zu einem $E_h(W)$ größer *E(W)*. Zusätzlich ist bei risikobehafteten Entscheidungen der Faktor D(A) wichtig, der für die Wahrscheinlichkeit steht, dass die Realisation größer oder gleich A sein wird. Die Funktion anhand derer unterschiedliche Entscheidungsalternativen beurteilt werden und die es zu maximieren gilt, ist: $U(E_h(W), D(A))$.[173]

---

[169] vgl. Shefrin/ Statman, 2000, S. 131f
[170] vgl. Shefrin/ Statman, 2000, S. 131f
[171] vgl. Shefrin/ Statman, 2000, S. 132
[172] vgl. Shefrin, Statman, 2000, S. 132f
[173] vgl. Kottke, 2005, S. 136f

Wie bereits dargestellt, verbindet die BPT die SP/A Theorie mit der Theorie der mentalen Konten. In der BPT-SA Variante werden alle Wertpapiere in einem mentalen Konto gehalten. Optimale Portfolios werden durch die Maximierung von $U(E_h(W), D(A))$ gebildet, die Struktur der so gebildeten Portfolios stimmen nicht mit Mean-Varianz Portfolios oder CAPM-Portfolios überein. Sie bestehen aus einer Kombination von Bonds und Lotterietickets. Diese Erkenntnis ist das wichtigste Ergebnis dieser BPT Variante.[174]

In der zweiten Variante, der BPT-MA, werden die Assets in unterschiedliche Konten eingeordnet und Kovarianzen nicht betrachtet. Das wichtigste Ergebnis bei dieser Variante ist, dass BPT-MA Portfolios in Schichten aufgebaute Pyramiden bilden, wobei jede Schicht ein Anspruchsniveau beinhaltet.[175] Investoren bilden Portfolios wie Pyramiden aus Wertpapieren, bestehend aus verschiedenen Schichten, wobei jede Schicht für bestimmte Ziele und Einstellungen zu Risiko steht. Manche Anlagen stellen eine Absicherungsschicht dar, um Armut zu vermeiden, und andere Schichten stehen für das Potenzial hohe Gewinne zu erzielen.[176] Da BPT-MA Investoren Kovarianzen zwischen den Wertpapieren, aufgrund der Einteilung in unterschiedliche Konten, nicht betrachten, ist es möglich, dasselbe Asset in einer Schicht „short“ und in einer anderen Schicht „long“ zu halten. Eine Kreditaufnahme bei gleichzeitiger Anlage in festverzinsliche Wertpapiere kann damit erklärt werden.[177] Durch das Modell wird deutlich, dass Investoren sowohl risikoavers als auch risikosuchend sein können.

4.2.2 Noise Trading Ansatz

Die neoklassische Kapitalmarktheorie orientiert sich bei der Untersuchung der Preisbildung von Wertpapieren an fundamentalen Informationen, die sich am Markt befinden und sich immer vollständig in den Preisen widerspiegeln. Zudem orientiert sie sich an Anlegern die diese Informationen sofort und vollständig aufnehmen und richtig verarbeiten. Dennoch stimmen häufig die Preise der Wertpapiere nicht mit den fundamentalen Werten überein. Es ist davon auszugehen, dass Preise Fakten enthalten, die nicht fundamental sind. Somit ist nach einem Weg gesucht, sich vom jederzeit rationalen Verhalten des Investors zu lösen. Black versuchte als einer der ersten im Jahr 1986 Kursabweichungen vom fundamental gerechtfertigten Preis in die Theorie einzuführen. Er führt den Begriff des „Noise“ ein, der in Anlehnung an das weiße Rauschen in der Nachrichtentechnik das Grundrauschen des Marktes umschreiben soll.[178] Dieses Grundrauschen tritt als unsystematisches Handeln ohne

[174] vgl. Shefrin/ Statman, 2000, S. 135f
[175] vgl. Shefrin/ Statman, 2000, S. 141f
[176] vgl. Statman, 1999, S. 23
[177] vgl. Kottke, 2005, S. 138
[178] vgl. Röckemann, 1995, S. 50

fundamentale Auslöser auf. Darüber erhebt sich das an fundamentalen Informationen ausgerichtete Handeln, das systematisch Wertpapierpreise an neue Informationen anpasst. Menschen handeln manchmal nach Informationen in der üblichen Art, manchmal handeln Menschen aber auch aufgrund von Noise, so als wären es Informationen. Somit sind Noise Trader Anleger, die nach Noise handeln und gleichzeitig Noise erzeugen.[179]

Für solche Ansätze die versuchen nicht fundamentale Kurbildung zu erklären, hat sich der Begriff des Noise Trading mittlerweile etabliert. Noise soll in diesem Zusammenhang dem Verständnis von Shleifer/Summers entsprechen und ausschließlich über den Begriff der Rationalität abgegrenzt werden. Damit bezieht er sich auf Handlungen auslösende Faktoren, und Noise Trading beschreibt damit Anlageentscheidungen, die auf nicht-rationalem Verhalten von Investoren beruhen. Investoren handeln in diesem Verständnis quasi-rational, aufgrund von Anomalien im menschlichen Verhalten. Eine bewusste Abkehr von rationalem Verhalten wird nicht unterstellt. Noise Trading kann sehr wohl auf nutzenmaximierendem Verhalten bei Betrachtung fundamentaler Informationen beruhen. Nur durch fehlende Rationalität der Investoren wird deren Nachfrage nach risikobehafteten Wertpapieren von ihren Einstellungen und Empfindungen beeinflusst, die nicht vollständig durch fundamentale Neuigkeiten gerechtfertigt sind.[180] Zusammenfassend kann gesagt werden, dass mit dem Noise Trading Ansatz versucht wird, Aktienpreisbildung durch das Vorhandensein und das Handeln von rationalen und nicht-rationalen Anlegern zu erklären. Entgegen der Vorstellung von Friedmann werden Noise Trader nicht vom Markt verdrängt, sondern sie nehmen durchaus Einfluss auf die Preisbildung.

Um den Noise Trading Ansatz von der traditionellen Finanzmarkttheorie abzugrenzen, sollen vier Merkmale herangezogen werden. In dem Ansatz müssen fundamentale und nicht-fundamentale Kursbildung betrachtet und erklärt werden. Die Betrachtungen beziehen neben rationalem Verhalten auch nicht-rationales Verhalten mit ein. Zudem wird von heterogenen Anlegergruppen ausgegangen, und der Ansatz lehnt stark an den am Aktienmarkt tatsächlich zu beobachtbaren Verhaltensweisen an. Es gibt neben dem Noise Trading Ansatz eine Reihe anderer Ansätze zur Erklärung von nicht-fundamentaler Kursbildung, wie zum Beispiel wirtschaftspsychologische Ansätze, Chaostheorie oder Bubbles-Ansätze, doch nur beim Noise Trading sind alle genannten Merkmale erfüllt. Nun soll das Modell in einer vereinfachten Form dargestellt werden, bevor dann einige Varianten des Ansatzes aufgezeigt werden.

---

[179] vgl. Röckemann, 1995, S. 50f

[180] Schleifer/ Summers, 1990, S. 19

4.2.2.1 Das Modell

Der Noise Trading Ansatz betrachtet das am Markt zu beobachtende Verhalten der Marktteilnehmer und bezieht es in die daraus erschlossenen Modelle mit ein. Dabei wird menschliches Fehlverhalten nicht als alleinstehende Erscheinung, sondern als systematischer Einflussfaktor der Aktienpreisbildung betrachtet. Ausgehend von quasi-rationalem Verhalten lässt sich die Literatur in zwei Bereiche aufteilen. Zum einen sind Modelle zu nennen, die mit Hilfe von individuellem, von der Erwartungsnutzentheorie abweichendem Verhalten versuchen, am Markt zu beobachtende Kursverläufe zu erklären. Das Fehlverhalten des einzelnen Investors dient dazu, Phänomene auf der Marktebene zu deuten. Dabei wird davon ausgegangen, dass das quasi-rationale Verhalten systematisch und gleichgerichtet verläuft. Allerdings werden keine Rückkopplungseffekte betrachtet. Anders ist dieses im zweiten Bereich, in dem sehr wohl Rückkopplungseffekte betrachtet werden und zu dem das Positive Feedback Trading gehört, auf das später eingegangen wird.

4.2.2.1.1 Noise Trading ohne Rückkopplung

Die Noise Trading Modelle ohne Betrachtung von Rückkopplungseffekten verknüpfen Noise Trading und Markt in einfacher Weise. Sie sind nur verbal formuliert und geben keine Auskunft darüber, wie individuelles, quasi-rationales Verhalten Einfluss auf der Marktebene ausübt. Vor allem wird nicht betrachtet, wie die Reaktion der rationalen Investoren auf das Fehlverhalten der Noise Trader aussieht. Doch auch bei zahlenmäßig überlegenen rationalen Anlegern wird von einer Beeinflussung des Marktpreises ausgegangen.[181]

Den bekanntesten Effekt bildet die Überreaktionsthese. Die auf der Verfügbarkeitsheuristik basierende Neigung der Investoren zur Überreaktion bei neuen Informationen wirkt sich auch auf Anlageentscheidungen aus. Tritt dieses Verhalten systematisch auf und wird dem durch institutionelle Einflüsse oder stabilisierende Spekulationen nicht entgegengewirkt, wird es auf Marktebene Einfluss ausüben. Die Wirkung, die empirisch gut nachgewiesen werden kann, ist, dass nach einem Überschießen eines Aktienkurses dieser die Tendenz zurück zum fundamentalen Wert aufweist. Aktien mit vergleichsweise hohen Renditen werden zukünftig niedrige erzielen. Je stärker die Überreaktion dabei ausfällt, umso stärker wird dann die Rückstellungstendenz sein.[182] Anhand des Überreaktionseffektes lassen sich viele am Markt zu beobachtende Phänomene erklären, wie zum Beispiel die Mean Reversion oder die Excess Volatility, die sich aus der Kursbewegung um den fundamentalen Wert ergibt.[183] Auf die

[181]vgl. Röckemann, 1995, S. 62f
[182]vgl. De Bondt/ Thaler, 1985, S. 793ff
[183]vgl. De Bondt/ Thaler, 1985, S. 793ff

Preisbildung bei Überreaktion in Verbindung mit Overconfidence wird an späterer Stelle anhand des Overconfidence-Models näher eingegangen.
Neben dem Überreaktionseffekt existiert der Dispositionseffekt. Dieser sagt aus, dass Anleger versuchen, Enttäuschungen über Fehlentscheidungen soweit wie möglich hinauszuzögern. Deshalb werden potentielle Verlust erst spät realisiert, während Gewinne sehr früh realisiert werden. Hier zeigt sich, dass rationale Überlegungen bei quasi-rationalen Investoren häufig von Emotionen überlagert werden.[184] Die Tendenz zum Dispositionseffekt zeigt sich in der Neigung von Anlegern, Aktien mit Buchgewinnen zu früh zu verkaufen und Wertpapiere mit Buchverlusten zu spät zu verkaufen.
Nicht nur bei der Erklärung des Dispositionseffektes spielen Emotionen eine Rolle, sondern auch bei dem Phänomen des Closed-End Fund Puzzle. Anteile von Closed-End Fonds weisen bei Auflage einen Aufschlag gegenüber dem Marktwert der enthaltenen Wertpapiere auf, der sich ins Negative kehrt und gegen Ende des Fonds verschwindet.[185] Dies geschieht aufgrund der Annahme, dass sich am Markt nicht nur die Erwartungen der rationalen, sondern auch der quasi-rationalen Investoren spiegeln. Da die Emotionen der Noise Trader gleichgerichtet sind und alle von Noise Tradern gehandelten Aktien betreffen, können diese von den rationalen Anlegern nicht diversifiziert werden. Um das Closed-End Fund Puzzle zu erklären ist zusätzlich die Annahme nötig, dass der Einfluss der Noise Trader stärker auf den Closed-End Fund als auf die darin enthaltenen Wertpapiere wirkt.[186] Diese Annahme ist zum Beispiel dann plausibel, wenn der Markt eine Struktur aufweist, die als Halter der Fonds vornehmlich private Investoren und als Halter der gehandelten Papiere institutionelle Investoren zeigt.
Nun lassen sich die Abschläge der Fondsanteile erklären, indem man den Umstand betrachtet, dass Fondsanteile ein zusätzliches Noise Trader-Risiko enthalten. Da die Fondsanteile stärker als die zugrunde liegenden Wertpapiere von den Emotionen der quasi-rationalen Anleger beeinflusst werden, kommt es zu schwankenden Discounts.[187] Bei positiver Stimmung vermindert sich dieser, während er bei negativer Stimmung steigt und gegen Ende der Laufzeit gänzlich verschwindet. Da Arbitragestrategien gegen Fonds häufig schwierig und teuer sind, können dergleichen Bemühungen, die die Anteilspreise und Wertpapierpreise ausgleichen würden, ausgeschlossen werden.[188]
Zu den durch Noise Trading zu erklärenden Effekten gehört auch das Window Dressing, durch das der Januar-Effekt begründet wird. Grundlage ist die Annahme, dass professionelle

---

[184] vgl. Shefrin/ Statman, 1985, S. 787f
[185] vgl. Shleifer, 2000, S. 53f
[186] vgl. Lee/ Shleifer/ Thaler, 1991, S. 80ff
[187] vgl. Lee/ Shleifer/ Thaler, 1991, S. 80ff
[188] vgl. Lee/ Shleifer/ Thaler, 1991, S. 83

Fondsmanager Aktien mit Buchverlusten zu den Stichtagen der Performancemessung gehäuft verkaufen. Sie tun dieses, um ihre Leistung besser darzustellen und nicht etwa, weil Erwartungen auf Kursverluste sie dazu antreiben.[189] Aufgrund von selektiver Wahrnehmung, Framing oder dem Status Quo Bias nimmt der Anteilseigner des Fonds die gute Performance an diesem Stichtag wahr und bewertet damit die Leistung des Managements besser, als sie vielleicht tatsächlich ist. Damit handeln nicht die Fondsmanager quasi-rational, sondern sie machen sich das quasi-rationale Denken der Investoren zu nutze.

Neben den vorgestellten Ansätzen wurde versucht, noch weitere Anomalien mit Noise Trading-Verhalten zu erklären, auf die aber an dieser Stelle nicht weiter eingegangen werden soll. Alle aufgezeigten Ansätze bieten Erklärungen für einen nicht-fundamentalen Einfluss auf die Kursbildung von Wertpapieren und Fondsanteilen. Allerdings stehen diese Betrachtungen isoliert nebeneinander und es fehlt an einer Auseinandersetzung mit Mechanismen, die dafür sorgen, dass individuelles Verhalten in Marktpreise eingeht. Die im Folgenden vorzustellenden Noise Trading Ansätze versuchen diesen Mangel zu beheben und zudem Wechselwirkungen zwischen rationalen und quasi-rationalen Anlegern einzubinden[190]

4.2.2.1.2 Noise Trading mit Rückkopplung

Die im vorherigen Teilabschnitt vorgestellten Modelle versuchen lediglich, Verbindungen zwischen Verhaltensanomalien und Marktphänomenen herzustellen. Nun sollen aber Modelle aufgezeigt werden, die den Anfang für eine verhaltenswissenschaftlich fundierte Theorie der Finanzmärkte bilden und mit mathematischen Mitteln versuchen, einen Markt aus quasi-rationalen und rationalen Anlegern zu analysieren. Die quasi-rationalen Anleger handeln im Vergleich zu den rationalen Anlegern anhand von verzerrten Wahrscheinlichkeitsverteilungen zukünftiger Erträge.[191] Das Besondere an diesen Modellen ist, dass die zwischen den beiden Anlegergruppen vorhandenen Rückkopplungseffekte betrachtet werden. Dabei sollen zwei Arten von Modellen unterschieden werden.

Zum einen werden Modelle betrachtet, die Noise Trader in allgemeiner Form von den rationalen Anlegern abgrenzen und nicht auf spezielles Noise Trading-Verhalten, wie zum Beispiel Überreaktion, eingehen. Zum zweiten wird auf Modelle eingegangen, die spezielle Verhaltensweisen von Noise Tradern betrachten und mit einbeziehen. Da hier das Positive Feedback Trading das bekannteste und ausgereifteste Modell darstellt, wird insbesondere dieses dargestellt.

---

[189] vgl. Lakonishok/ Shleifer/ Thaler/ Vishny, 1991, S. 227f
[190] vgl. Röckemann, 1995, S. 68f
[191] vgl. Röckemann, 1995, S. 69f

4.2.2.1.2.1 Modelle mit allgemeinem Noise Trading- Verhalten

Aus den Ansätzen die sich mit dem allgemeinen Verhalten von Noise Tradern auseinander setzen, haben sich vor allem drei Beiträge hervorgehoben, die im Folgenden vorgestellt werden sollen.

Shiller war 1984 einer der ersten, der das Verhalten von Noise Tradern untersuchte. In seinem Beitrag bezeichnet er den Noise Trader allerdings noch als Ordinary Investor, der keine oder nur sehr ungenaue Vorstellungen davon hat, wie sich Preise, Dividenden oder Einkünfte von risikobehafteten Wertpapieren verhalten.[192] Den rationalen Investor bezeichnet er als Smart Money Investor. Er bildet seine Erwartungen als gewichteten Durchschnitt zukünftiger Dividendenzahlungen, und seine Nachfrage nach Wertpapieren verläuft parallel zum erwarteten Ertrag. Begrenzt wird diese nur durch die Risikoaversion und das Vermögen. Die Ordinary Investors folgen nicht den rational zu erwartenden Erträgen. Stattdessen macht Shiller verschiedene Annahmen bezüglich des Verhaltens und zeigt dann den jeweiligen Einfluss auf den Aktienpreis auf. Dabei betrachtet er verschiedene Verhaltensweisen, die an den Märkten zu beobachten sind.[193]

Shiller nimmt an, dass die Nachfrage der Noise Trader bestimmten Moden folgt und sich dabei unterschiedlich weit von der durchschnittlichen Nachfrage entfernt. Bei einer hohen Nachfrage der Ordinary Investors ist damit zu rechnen, dass die Preise zu ihrem Durchschnittswert zurückkehren, die Preise sind dann vorhersagbar. Geht man davon aus, dass relativ zum Preis nur wenig variable Dividenden existieren, dann führt dieses zu der empirisch belegbaren Hypothese, dass geringe Dividenden/Preis-Verhältnisse auf niedrigere zu erwartende Aktienerträge hinweisen. Der Grund dafür liegt in der übertriebenen Noise Trader-Einschätzung, die zu einer Überbewertung der Aktien führt.[194]

Shiller betrachtet neben diesem Phänomen die Beobachtung, dass Ordinary Investors dazu neigen, die Bedeutung der Veränderungen in Dividendenzahlungen für zukünftige Erträge häufig überzubewerten. Übersteigerte Nachfrageänderungen führen dann zu einem Überschießen des Preises. An den Märkten bedeutet es, dass, relativ zu einem Durchschnitt, hohe Dividenden zu hohen Kursen führen, während gleichzeitig mit negativen erwarteten Erträgen zu rechnen ist.[195] Außerdem nimmt Shiller an, dass es zu Situationen am Markt kommen kann, in denen sich Noise Trader bei hohen Kursen für den Kauf und bei gefallenen Kursen für den Verkauf von Aktien entscheiden. Trifft dieses Verhalten zu, dann wirkt es

---

[192] vgl. Shiller, 1984, S. 464
[193] vgl. Röckemann, 1995, S. 70f
[194] vgl. Shiller, 1984, S. 488
[195] vgl. Röckemann, 1995, S. 71

trendverstärkend und führt zu einer erhöhten Volatilität der Aktienkurse.[196] Mit diesem Ansatz zeigt Shiller eine Möglichkeit, das quasi-rationale Verhalten der Noise Trader in ein Preisbildungsmodell einzubauen.

Ein weiterer Beitrag zu allgemeinem Noise Trading-Verhalten kommt von De Long/ Shleifer/Summers/Waldmann (DSSW). Aufgrund seiner Bedeutung und allgemeinen Form soll es ausführlicher dargestellt werden. DSSW gehen in ihren Betrachtungen ebenfalls von zwei Anlegergruppen aus. Zu einen den Noise Tradern, die ihre Portfolios aufgrund von falschen Erwartungen bilden und zum anderen den rationalen („sophisticated“) Investoren. Die Existenz von Noise Tradern führt zu einem zusätzlichen, nicht-diversifizierbaren Risiko. Die Akteure besitzen eine Lebenszeit von zwei Perioden und damit einen kurzen Anlagehorizont, damit rationale Anleger nicht in der Lage sind, Fehlerwartungen von Noise Tradern „auszusitzen“.[197] In der ersten Periode wird ausschließlich die Wahl für ein Portfolio getroffen und erst in der zweiten Periode wird der Ertrag konsumiert. Der Markt hält zwei Wertpapiere zur Verfügung, zum einen eine sichere Anlage s und zum anderen eine risikobehaftete Anlage u, die jeweils identische Dividenden ausschütten. Der normierte Fundamentalwert der Anlage u beträgt eins und die Anlage ist in begrenzter Anzahl vorhanden, normiert auf eins.[198] Da am Markt nicht nur rationale Investoren, sondern auch Noise Trader mit verzerrten Wahrscheinlichkeitsverteilungen handeln, kommt es zu Fehlerwartungen zukünftiger Erträge, ausgedrückt durch eine unabhängige und identische normalverteilte Zufallsvariable ρ_t mit Erwartungswert ρ^* und Varianz σ_ρ^2. Es gilt: $\rho_t \approx N(\rho^*, \sigma_\rho^2)$. Die mittlere Fehlerwartung ρ^* steht für das Ausmaß, inwieweit die Noise Trader bullish sind und σ_ρ^2 steht für die Streuung der Fehlerwartungen zukünftiger erwarteter Erträge.[199] Sowohl rationale Anleger, als auch Noise Trader maximieren ihren Erwartungsnutzen anhand ihrer Beobachtungen. Steigt der erwartete Ertrag, steigt damit auch die Nachfrage nach der Aktie innerhalb beider Anlegergruppen. Die Nachfrage der rationalen Anleger bildet sich als:

$$D_t^{RI} = \frac{r + E(p_{t+1} - (1+r) * p_t}{2\gamma E(\sigma_{p+1}^2)}$$

mit:

D_t^{RI} = Nachfrage der rationalen Anleger nach der Aktie in Periode t

[196] vgl. Röckemann, 1995, S. 71
[197] vgl. Shleifer, 2000, S. 40
[198] vgl. DSSW, 1990a, S. 704ff
[199] vgl. DSSW, 1990a, S. 705ff

p_t = Preis der Aktie in Periode t

p_{t+1} = Preis der Aktie in Periode t +1

r = Dividende (= risikoloser Zinssatz)

γ = Grad der Risikoaversion

σ^2_{p+1} = Varianz des Preises der Aktie in der nächsten Periode[200]

Die Nachfrage der Noise Trader wird zusätzlich durch ihre Fehlerwartungen beeinflusst. Bei positiven Renditeerwartungen wird die nachgefragte Menge größer sein als bei den rationalen Anlegern, bei negativen Renditeerwartungen wird sie kleiner sein. Es ergibt sich:

$$D_t^{NT} = \frac{r + E(p_{t+1}) - (1+r) * p_t}{2\gamma E(\sigma^2_{p+1})} + \frac{\rho_t}{2\gamma E(\sigma^2_{p+1})}$$

mit:

D_t^{NT} = Nachfrage der rationalen Anleger nach der Aktie in Periode t

ρ_t = Fehlerwartungen der Noise Trader in Periode t[201]

Die Nachfrage beider Anlegergruppen addiert sich im Gleichgewicht zur gesamt verfügbaren Aktienmenge 1. Es lässt sich dann die Preisgleichung ableiten:

$$p_t = 1 + \frac{\mu(\rho_t - \rho^*)}{1+r} + \frac{\mu\rho^*}{r} - \frac{(2\gamma)\mu^2\sigma^2_\rho}{r(1+r)^2}$$

mit:

μ = Anteil der Noise Trader an der Gesamtheit der Anleger

ρ^* = Mittlere Fehlerwartung der Noise Trader

σ^2_ρ = Varianz der Fehlerwartung

ρ_t = Fehlerwartung der Noise Trader in Periode t[202]

Anhand der Gleichung lässt sich die Abweichung des Marktpreises vom fundamentalen Wert der Aktie berechnen, und sie zeigt die möglichen Gründe für Abweichungen. Die letzten drei Terme zeigen den Einfluss der Noise Trader auf den Preis der risikobehafteten Anlage. Ist die Stimmung der Noise Trader positiver als im Durchschnitt, steigen die Preise aufgrund erhöhter Nachfrage. Dieser Effekt wird umso bedeutender, je größer die Gruppe der Noise Trader ist und zeigt sich im zweiten Term.[203]

[200] vgl. Röckemann, 1995, S. 74
[201] vgl. Röckemann, 1995, S. 74
[202] vgl. DSSW, 1990a, S. 705ff
[203] vgl. DSSW, 1990a, D. 705ff

Die Abweichung des p_t vom fundamentalen Wert aufgrund der Fehlerwartungen der Noise Trader zeigt sich im dritten Term. Bei positiver Verzerrung erhöht sich der Preis des risikobehafteten Wertpapiers. Die Noise Trader tragen einen höheren Anteil des Preisrisikos, und rationale Anleger sind dann bereit, einen höheren Preis für die Aktie zu zahlen.[204] Im vierten Term wird das durch Noise Trader erzeugte Risiko deutlich. Denn obwohl die Dividendenzahlungen sicher und somit risikolos sind, liegt der Preis der Aktien in einem Markt mit Noise Tradern unter dem fundamentalen Wert. Es besteht ein Risiko bezüglich der Erwartungen der Noise Trader, und rationale Investoren werden dieses Risiko nur bei Zahlung einer entsprechenden Risikoprämie tragen. Je risikoaverser die Anleger sind, umso höher muss diese Risikoprämie ausfallen.[205]

Zusammenfassend kann gesagt werden, dass der Aktienpreis nun von der Anzahl der Noise Trader, der Stärke der Varianz der Fehlerwartungen und der Risikoaversion abhängig ist. Je größer diese Faktoren werden, umso weniger werden rationale Investoren bereit sein zu zahlen, und umso geringer wird der Aktienpreis ausfallen.[206]

Auch Shefrin/Statman liefern einen Beitrag zu allgemeinem Noise Trading-Verhalten. Sie betrachten einen Markt, in dem neben einer risikolosen (Zero Bond) und einer risikobehafteten Anlage (Marktportfolio) auch Kauf- und Verkaufsoptionen auf dieses Marktportfolio gehandelt werden. Die Anleger sind risikoavers aufgrund ihrer logarithmischen Nutzenfunktion und die Nachfragefunktion wird beschränkt durch die zukünftig erwarteten Erträge, sowie durch das Vermögen der Investoren.[207] Die Anlegerschaft teilt sich in einen Teil rationaler Anleger mit unverzerrten Erwartungen und einen Teil Noise Trader. Der Anteil der Noise Trader teilt sich nochmals in zwei Gruppen von Anlegertypen auf: Zum einen Anleger, die zurückliegende Informationen untergewichten, und zum anderen Anleger, die „Probability Mismapping" zeigen, indem sie aufgrund des Glaubens an das Gesetz der großen Zahlen regressive Erwartungen bilden. Während die erste Gruppe an die Beständigkeit von Trends glaubt, erwartet die zweite Gruppe Bewegungen gegen den Trend. Die Verzerrungen liegen weder in gleicher Richtung noch in gleichem Ausmaß vor.[208] In einem effizienten Preisgleichgewicht führt die Existenz von Noise Tradern zu unterschiedlichen Auswirkungen. Korrelieren die Fehlerwartungen der Noise Trader nicht mit ihrem Vermögen, dann gleichen sich die Noise Trader im Mittel aus. Es werden in einer effizienten Situation nur Noise Trader handeln, und da Vermögenspositionen dann nur

---

[204] vgl. DSSW, 1990a, S. 705ff
[205] vgl. DSSW, 1990a, S. 705ff
[206] vgl. Röckemann, 1995, S. 75f
[207] vgl. Röckemann, 1995, S. 76
[208] vgl. Röckemann, 1995, S. 76f

innerhalb der Noise Trader wechseln und diese als Gruppe kodominant sind, erhöhen sie zwar das Handelvolumen, nehmen aber keinen Einfluss auf die Effizienz der Preisbildung.[209] Bilden sich dagegen Zusammenhänge zwischen Fehlerwartungen und Vermögensposition, aufgrund von systematischen Fehlerwartungen, wird durchaus der Preis beeinflusst. Die Fehlerwartungen gleichen sich nicht aus, und es kommt zu systematischen Vermögensänderungen. Eine optimistische Erwartung der Noise Trader führt dann zu einer Überbewertung der Kaufoption, eine pessimistische Erwartung führt zu einer Unterbewertung der Verkaufsoption. Da Noise Trader auch die risikofreie Anlage handeln, wird der zugehörige Preis beeinflusst.[210] Durch diese von Noise Tradern bewirkte Zinsveränderung werden auch Auswirkungen auf die Mittelwert/Varianz-Effizienz ableitbar, die Kapitalmarktlinie nach dem CAPM dreht sich um. Empirische Untersuchungen verwenden häufig Marktindizes als Substitut des Marktportfolios, daraus ergibt sich ein systematischer Zusammenhang zwischen Beta-Werten und abnormalen Renditen. Der Unterschied zwischen wirklicher und empirischer Kapitalmarktlinie wird mit steigendem Beta größer: Die Messung von abnormalen Renditen wird durch Beta verstärkt. Schwankende Noise Trader-Erwartungen spiegeln sich über die Zinsen und die Kapitalmarktlinie in schwankenden Beta-Werten wider.[211]

Im nächsten Teilabschnitt wird auf Ansätze mit speziellem Noise Trading-Verhalten eingegangen.

4.2.2.1.2.2 Modelle mit speziellem Noise Trading-Verhalten: Positive Feedback Trading

Beiträge die sich mit speziellem Noise Trading-Verhalten befassen, versuchen spezielles, quasi-rationales Anlegerverhalten zu erfassen und in Preisbildungsmodelle einzufügen. Das bekannteste Modell dieser Art ist das Positive Feedback Trading. Noise Trader die ein Positive Feedback Trading-Verhalten zeigen, orientieren sich nur an vergangenen Preisveränderungen. Neue Informationen bleiben unberücksichtigt.[212] Diese Anlegergruppe zeigt typisches Herdenverhalten. Zwei bedeutende Modelle zum Positive Feedback Trading stammen von De Long/Shleifer/Summers/Waldmann (DSSW) und von Cutler/Poterba/ Summers, die hier vorgestellt werden sollen.

Das Modell von DSSW beinhaltet drei Anlegergruppen. Positive Feedback Trader orientieren sich an vergangenen Kursen und kaufen Aktien, wenn deren Kurse in der Vorperiode gestiegen sind. Sind die Kurse in der Vorperiode gefallen, verkaufen sie Aktien. Diese

---

209 vgl. Röckemann, 1995, S. 77
210 vgl. Röckemann, 1995, S. 77
211 vgl. Röckemann, 1995, S. 77f
212 vgl. DSSW, 1990b, S. 380

Trendverstärkung ist umso weitreichender, je stärker die Nachfrage von der Preisveränderung abhängt. Die rationalen Anleger spalten sich in zwei Gruppen, den rationalen Spekulanten, dessen Nachfrage sich aus der Maximierung des in der Endperiode erwarteten Konsums ergibt, und den passiven Investoren, der sich ausschließlich am Fundamentalwert einer Aktie ausrichtet und Aktien dann kauft, wenn der Kurs niedriger ist, als der erwartete Fundamentalwert und Aktien bei einem höheren Kurs verkauft.[213] DSSW nehmen ein vier-Perioden Modell an. Es existieren zwei Anlagen, eine unbegrenzt verfügbare, risikolose, unverzinsliche Anlage und eine begrenzt verfügbare, risikobehaftete Aktie, die in der letzten Periode, in der die Anleger ihr Vermögen konsumieren, eine unsichere Dividende ausschüttet. Die Dividende besteht aus zwei Teilen, einem Zufallsteil und einem Teil, der einen festen positiven Wert, einen in gleicher Höhe negativen oder einen Wert von 0 annehmen kann.[214] Nun kann es dazu kommen, dass die rationalen Spekulanten entweder ein ungestörtes oder ein gestörtes Signal über die Höhe des festen Anteils einer Periode vor allen anderen Anlegern bekommen. Das gestörte Signal enthält nur eine Information über die Wahrscheinlichkeitsfunktion des festen Anteils. Der Aktienpreis beträgt in der Ausgangsperiode 0 und entspricht damit seinem Fundamentalwert, während er in der letzen Periode den Wert der Dividendenzahlung annimmt.

Bei einem unterstellten festen, positiven Dividendenanteil ergibt sich eine Preisblase, die den Kurs der Aktie, ausgehend vom Wert 0 in der zweiten und dritten Periode über den Fundamentalwert steigen lässt, bis er ihm in der letzten Periode wieder entspricht. Für die rationalen Spekulanten bestehen dann Arbitragemöglichkeiten. Die rationalen Anleger treiben den Kurs nach oben und Positive Feedback Trader nutzen dieses in der Folgeperiode, um ebenfalls Käufe zu tätigen. Damit entsteht durch rationale Spekulation eine Preisblase, die zwar fundamental zu begründen ist, letztlich aber aufgrund von antizipativem Handeln der rationalen Spekulanten und der Reaktion der Positive Feedback Trader darauf entsteht.[215]

Dieses Modell lässt sich mit vielen der am Markt zu beobachtenden Anomalien vereinbaren, wie zum Beispiel Aktienkursen die weit volatiler sind, als es der fundamentale Wert annehmen ließe, ebenso Preisblasen oder die Überreaktion der Kurse auf fundamentale Informationen.[216]

Das Modell von Cutler/Poterba/Summers enthält ebenfalls die drei Gruppen von Anleger, wie im Modell zuvor. Die Positive Feedback Trader verhalten sich identisch, sie unterliegen einer

---

[213] vgl. DSSW, 1990b, S. 384
[214] vgl. DSSW; 1990b, S. 384
[215] vgl. DSSW, 1990b, S. 384
[216] vgl. DSSW, 1990b, S. 394

Zeitverzögerung bei der Trenderkennung. Die eine Gruppe der rationalen Anleger handelt nach einer Version des Dividend Discount Models, ihre Überschussnachfrage beinhaltet die Abweichung des Aktienkurses vom Fundamentalwert, gewichtet mit dem Reaktionskoeffizienten. Die dritte Gruppe enthält rationale Anleger, die auf der Basis rationaler Erwartungen zukünftige Erträge handeln und dessen Nachfrage linear mit dem erwarteten Ertrag, unter Berücksichtigung einer Mindestverzinsung, ansteigt.[217]

Das Modell zeigt das Preisverhalten einer Aktie ohne Dividendenzahlung auf einem Futures-Markt, deren Endwert dem Fundamentalwert entspricht. Es ergibt sich im Gleichgewicht der aktuelle Preis als Funktion, die sich aus vergangenen Preisen und Informationen und den erwarteten fundamentalen Größen ergibt.[218] Erklärt werden können mit diesem Modell zum größten Teil die gleichen Anomalien wie bei dem Modell von DSSW, zum Beispiel erhöhte Kursvolatilitäten oder Überreaktionen. Kritik wird an beiden Modellen aufgrund fehlender verhaltenswissenschaftlicher Begründungen für die vorgenommene Parametrisierung geübt. Auch werden keine Aussagen dazu getroffen, unter welchen Bedingungen Positive Feedback Trader am Markt bestehen.

Röckemann stellt, basierend auf den beiden vorgenannten Modellen, ein vereinfachtes Modell dar, an dem Rückkopplungen des Verhaltens der Noise Trader und der rationalen Anleger zu erkennen sind. Es wird eine Aktie gehandelt, deren Ertrag aus Dividendenzahlungen besteht. Die Aktie wird begrenzt angeboten, und im Marktgleichgewicht beträgt die Überschussnachfrage null. Allen Anlegern sind Informationen über zukünftige Dividendenzahlungen zugänglich. Es wird die Preisbildung einer Periode ohne Dividendenzahlung betrachtet. Die Dividendenerwartungen spiegeln sich in den Preiserwartungen wider.[219]

Rationale Anleger bilden ihre Nachfrage nur aufgrund von Erwartungen bezüglich zukünftiger Aktienpreise und es wird eine steigende Nachfrage bei positiven erwarteten Erträgen angenommen ($\alpha > 0$).

$$D_{R,t} = \alpha * [E(P_{t+1}) - P_t]$$

mit:

$D_{R,t}$ = Nachfrage der rationalen Anleger in Periode t

α = Verhaltensparameter

$E(P_{t+1})$ = Erwartungswert des Preises der Aktie in Periode t+1

[217] vgl. Cutler/ Poterba/ Summers, 1990, S. 65f
[218] vgl. Cutler/ Poterba/ Summers, 1990, S. 65
[219] vgl. Röckemann, 1995, S. 52

P_t = Preis der Aktie in Periode t[220]

Die Noise Trader zeigen Positive Feedback Trading-Verhalten, sie orientieren sich also nur an vergangener Preisentwicklung. β zeigt die Stärke des Feedback-Verhaltens.

$$D_{N,t} = \beta * (P_{t-1} - P_{t-2})$$

mit:

$D_{N,t}$ = Nachfrage der Noise Trader in Periode t

β = Verhaltensparameter

P_{t-1} = Preis der Aktie in Periode t-1

P_{t-2} = Preis der Aktien in Periode t-2[221]

Es gilt die Gleichgewichtsbedingung:

$$D_{N,t} + D_{R,t} = 0$$

Es lässt sich damit die Preisgleichung ableiten:

$$P_t = E(P_{t+1}) + \frac{\beta}{\alpha} * (P_{t-1} - P_{t-2})$$

Der erste Term zeigt die Preisbildung an einem informationseffizienten Markt, an dem Informationen sofort und vollständig verarbeitet werden und als Erwartungen in die Preise eingehen. Der letzte Term zeigt den Einfluss der Noise Trader, durch deren Erwartungsbildung sich eine Abhängigkeit des Aktienkurses von den Kursen der Vorperioden ergibt. Diese wird stärker, wenn Positive Feedback Trader stark auf Preisveränderungen reagieren und rationale Anleger ihre Zukunftserwartungen nur schwach am Markt umsetzen.[222]

4.2.2.2 Bedeutung für Theorie und Praxis

Der besondere Verdienst der Noise Trading-Ansätze ist, dass der Versuch unternommen wird, quasi-rationales Verhalten in Preisbildungsmodelle einzubauen. Vor allem die Annahme der homogenen Erwartungen wird aufgehoben. Es existieren auf den Märkten nicht mehr nur rationale Anleger, die den Preis von Wertpapieren bestimmen, sondern an ihre Seite treten quasi-rationale Investoren, die ihrerseits einen nicht unerheblichen Einfluss ausüben.

Die Anhänger der Kapitalmarkttheorie, die sich für die Effizienz des Finanzmarktes aussprechen, begründen dieses mit der stabilisierenden Wirkung von rationalen Spekulationen. Das Handeln von rationalen Spekulanten, die dem Trend widerstehen, sorgt

---

220 vgl. Röckemann, 1995, S. 53
221 vgl. Röckemann, 1995, S. 53
222 vgl. Röckemann, 1995, S. 53

dafür, dass der Kurs, der sich durch Positive Feedback Trader vom fundamentalen Kurs entfernt hat, wieder in dessen Richtung zurückkehrt.[223] Dem widersprechen einige Behavioral Finance-Wissenschaftler, indem sie anführen, dass es für Spekulanten rationaler sein kann, dem Trend zu folgen. Erwarten sie gute Käufe eines Wertpapiers durch Noise Trader in der Zukunft, so sollten sie dieses Papier heute kaufen, um morgen zu einem höheren Preis verkaufen zu können. Dieses Verhalten führt den Wertpapierkurs allerdings noch weiter vom Fundamentalkurs weg und hat eine destabilisierende Wirkung.[224] Der Einfluss der Noise Trader gleicht sich also nicht grundsätzlich durch die Existenz von rationalen Investoren aus, und der fundamentale Kurs wird an den Märkten nicht häufig erreicht.

Diese Annahme der nicht-fundamentalen Kursbildung stellt die Grundlage der neoklassischen Kapitalmarkttheorie in Frage und birgt Konsequenzen für die Forschung und die Praxis an den Finanzmärkten. Die Schwierigkeiten der Kapitalmarkttheorie, aus der Sicht der Noise Trading-Ansätze, liegt besonders in der Annahme eines Marktes mit ausschließlich rationalen Anlegern. Die Existenz von Noise Tradern, die ein gleichgerichtetes Verhalten zeigen und systematisches, nicht-diversifizierbares Risiko erzeugen, widerlegt nicht nur die Erwartung informationseffizienter Märkte, sondern macht auch die Preisfindung mit Hilfe des CAPM unmöglich. Eine verhaltenswissenschaftliche Betrachtung ist nötig, und eine Orientierung an den Faktoren der Marktstruktur, wie die Mentalität der Anlegerschaft, ist möglich. So können Preisbildungsmodelle für unterschiedliche Marktstrukturen entworfen werden, wie es bereits unter dem Aspekt des Positive Feedback Trading versucht wurde.[225]

Die Noise Trading-Forschung zeigt auf, welchen Einfluss Noise Trader auf die Preisbildung am Aktienmarkt haben, aber auch wie sich Investoren, die von der Existenz von Noise Tradern ausgehen, verhalten sollten. So werden zum Beispiel Aussagen zu Strategien getroffen, wie das Front Running, bei dem ein Anleger versucht, die Stimmung der Noise Trader frühzeitig zu prognostizieren und Aktien zu kaufen, die Noise Trader in der Zukunft bevorzugen werden. Verhalten sich die Noise Trader wie Positive Feedback Trader, dann werden sie die Aktie kaufen, besonders wenn es zu erheblichen Kursveränderungen in der Vorperiode gekommen ist.[226] Der Anleger profitiert dann vom Noise Trading-Verhalten.

Die Frage die sich stellt, ist, warum Teile der Gesamtheit der Anleger am Finanzmarkt zu Verhalten, wie dem Positive Feedback Trading neigen. Einen Hinweis zur Klärung der Frage

[223] vgl. DSSW, 1990b, S. 393
[224] vgl. DSSW, 1990b, S. 393f
[225] vgl. Röckemann, 1995, S. 87f
[226] vgl. Röckemann, 1995, S. 88f

ergibt sich aus dem bis jetzt noch nicht dargestellten Overconfidence-Bias, der nun dargestellt und als Bestandteil des Overconfidence-Models aufgezeigt wird.

4.2.3 Overconfidence und Über- /Unterreaktion

Menschen neigen aufgrund des Overconfidence-Bias dazu, ihre eigenen Fähigkeiten zu überschätzen. Diese Beobachtung kann in ganz unterschiedlichen Bereichen gemacht werden. So stellte Svenson in einer Studie von 1981 fest, dass ca. 90% der Befragten bezüglich deren Autofahrfähigkeiten meinen, sie seien besser als der Durchschnitt.[227] Dabei kann Overconfidence auf zwei Weisen interpretiert werden, zum einen als Überschätzung der eigenen Fähigkeiten, aber auch als eine überhöhte Gewissheit bezüglich des Eintritts eines Ereignisses, ausgedrückt durch ein zu enges Konfidenzintervall.[228] Die Stärke der Overconfidence ist abhängig von der Komplexität einer Entscheidungssituation, aber auch von vorhergehendem Erfolg. So führt ein früheres erfolgreiches Handeln dazu, dass Investoren sich aufgrund ihrer Fertigkeiten für fähig halten, auch in Zukunft erfolgreich zu handeln.[229]

Die Ursachen für Overconfidence lassen sich in den Verhaltensanomalien der Anleger finden. Einige Anomalien haben Auswirkungen darauf, dass der Anleger überkonfidentes Verhalten zeigt. Dazu gehört der Confirmation Bias, der dafür sorgt, dass Informationen, die einer Entscheidung widersprechen, ausgeblendet und unterstützende Informationen überbewertet werden. So werden nicht alle verfügbaren Informationen verwendet.[230] Auch die Repräsentativitätsheuristik spielt insofern eine Rolle, als dass Investoren dazu neigen, unvollständige Bilder durch Auslassen oder Hinzufügen von Informationen zu ergänzen. Overconfidence entsteht dann dadurch, dass Anleger aus dem unvollständigen Informationsausschnitt heraus Einschätzungen vornehmen, als würden ihnen alle Informationen vorliegen.[231] Auch die Verfügbarkeitsheuristik ist zu beachten, da Investoren leicht verfügbare Informationen bevorzugen und schlecht erreichbare oder vorstellbare Informationen ignorieren. Auch hier handeln Investoren mit unvollständigen Informationen so, als wären sie vollständig.[232] Ähnlich verhält es sich mit der Verankerungsheuristik, die in Verbindung mit der Repräsentativheuristik dazu führt, dass Anleger sich an leicht zugänglichen Informationen verankern und Einschätzungen für zukünftige Ereignisse an diesem Ankerpunkt ausrichten. Auch hierdurch kommt es zu überkonfidentem

[227] vgl. Camerer/ Lovallo, 1999, S. 306
[228] vgl. Hvide, 2002, S. 19
[229] vgl. Langer/ Roth, 1975, S. 954
[230] vgl. Koehler/ Brenner/ Griffin, 2002, S. 692
[231] vgl. Griffin/ Tversky, 1992, S. 413f
[232] vgl. Russo/ Schoemaker, 1992, S. 11

Einschätzungsverhalten.[233] Schließlich ist noch der Hindsight Bias zu nennen. Investoren neigen dazu, nach dem Eintritt eines Ereignisses das Wissen, das sie vor dem Eintritt hatten, zu überschätzen. Damit scheint die Welt leichter einschätzbar und kontrollierbar, und falsche Entscheidungen wirken im Nachhinein wie dumme, vermeidbare Fehler.[234]

Overconfidence tritt vor allem da auf, wo Menschen mit komplexen Entscheidungssituationen konfrontiert werden und das Feedback über den Erfolg einer Einschätzung verrauscht ist. Da an Finanzmärkten oft Entscheidungen getroffen werden müssen, die hochgradig komplex sind, und deren Feedback erst zeitverzögert auftritt, kann hier Overconfidence besonders häufig beobachtet werden. Odean stellt ein Modell auf, das auf überkonfidentem Verhalten basiert und zeigt, dass überkonfidente Investoren überdurchschnittlich viel handeln. Ergebnis dieses Modells ist, das Overconfidence zu höherem Handelsvolumen, einer erhöhten Marktvolatilität und einer größeren Markttiefe führt.[235] Besonders die erhöhte Volatilität kann auch bei den Positive Feedback Trading- Modellen festgestellt werden.

Daniel, Hirshleifer und Subrahmanyam entwickelten 1998 das Overconfidence-Modell zur Erklärung von Über- und Unterreaktion an den Finanzmärkten, die durch zwei Biases verursacht werden: Zum einen Overconfidence und zum anderen Self-Attribution, das zu einer asymmetrischen Informationsverteilung und gradueller Informationsdiffusion führt. In diesem Modell weicht der Aktienkurs aufgrund eines Erwartungsbildungsfehlers von dem Fundamentalpreis ab. Dieser Erwartungsbildungsfehler richtet sich auf die Interpretation privater und öffentlicher Informationssignale, aufgrund von Biases, wie Overconfidence.[236]

Das Modell geht von der Existenz zweier unterschiedlicher Investoren aus, den Informierten (I) und den Uninformierten (U). Die uninformierten Anleger erhalten nur öffentliche Informationen, die informierten Anleger erhalten zusätzlich auch private Informationen. Bei spekulativen Wertpapieren herrscht am Anfang des Ereignisses Informationsasymmetrie: Der Insider verfügt über alle preisbildenden Informationen, während der Outsider keinen Zugang dazu erhält. Eine unerwartete Preisänderung, ausgelöst durch das Ereignis, wird durch die Privatinformation verursacht.[237] Die informierten Anleger besitzen nun einen Informationsvorsprung und werden darüber hinaus durch Overconfidence und Self-Attribution beeinflusst, so dass Fehlervarianzen innerhalb eigener Prognosen unterschätzt werden, und auf nicht konforme öffentliche Informationen unterreagiert wird. Weiter ist davon auszugehen, dass die öffentliche Information bezüglich des Ereignisses hinter der

---

[233] vgl. Griffin/ Tversky, 1992, S. 413
[234] vgl. Kahnemann/ Riepe, 1998, S. 55
[235] vgl. Odean, 1998, S. 1910ff
[236] vgl. Guo, 2002, S. 104f
[237] vgl. Daniel/ Hirshleifer/ Subrahmanyam, 1998, S. 1845

Privatinformation zeitlich verzögert allmählich in den Markt tritt. Damit ist die Preisänderung zuerst eine Variable der Privatinformation des informierten Anlegers, und die öffentliche Information kann erst in der zweiten Phase den Preis bestimmen.[238]

Es wird davon ausgegangen, dass jeder Marktteilnehmer ein Anfangsvermögen erhält, bestehend aus Aktien und einer risikolosen Anlage, und dass der uninformierte Investor risikoavers ist, während der Informierte sich risikoneutral verhält. Betrachtet werden vier Zeitperioden: Zum Zeitpunkt t=0 beginnen die Marktteilnehmer bei homogenen Erwartungen mit dem Handel, um eine optimale Risikoallokation zu erreichen. Die informierten Anleger erhalten im Zeitpunkt t=1 ein verrauschtes privates Signal und handeln dann mit den Uninformierten. Im Zeitpunkt t=2 tritt auch das verrauschte öffentliche Signal in den Markt und der Handel wird fortgeführt. Im Zeitpunkt t=3 sind alle Marktteilnehmer vollständig informiert und der Fundamentalwert ist bekannt. Zum Zwecke des Konsums wird auf das Wertpapier eine Liquiditätsdividende ausgeschüttet.[239]

Das risikobehaftete Wertpapier ist unabhängig und normalverteilt und weist einen Zeitwert θ, einen Mittelwert $\overline{\theta}$ und eine Varianz σ_θ^2 auf. Es wird $\overline{\theta}$=0 gesetzt. Die privaten Informationen sind dargestellt durch ε und die öffentlichen Informationen durch η. Die Informierten erhalten in t=1das private Signal: $S_1 = \theta + \varepsilon$, wobei $\varepsilon \approx N(0, \sigma_\varepsilon^2)$, und die Genauigkeit des Signals beträgt $1/\sigma_\varepsilon^2$. Die uninformierten Anleger schätzen die Varianz des Störterms richtig ein, während die Informierten die Fehlervarianz der eigenen Prognose, aufgrund der Overconfidence unterschätzen. Den Marktteilnehmern ist dieses bekannt.[240]

Im Zeitpunkt t=2 ist das öffentliche Signal eingetroffen: $S_2 = \theta + \eta$, mit $\eta \approx N(0, \sigma_P^2)$, unabhängig von θ und ε. Alle Investoren schätzen nun die Varianz des Störterms ohne Verzerrung ein und bezüglich der öffentlichen Informationen besteht kein Bias.[241]

Der Wertpapierpreis wird von den Erwartungen der Informierten $E_C(\ldots)$ bestimmt. Zu jedem Zeitpunkt (t=1, 2, 3) sind die Beziehungen erfüllt:

$$P_1 = E_C\left[\theta \middle| \theta + \varepsilon\right]$$

$$P_2 = E_C\left[\theta \middle| \theta + \varepsilon, \theta + \eta\right]$$

$$P_3 = \theta$$

---

[238] vgl. Guo, 2002, S. 106

[239] vgl. Daniel/ Hirshleifer/ Subrahmanyam, 1998, S. 1845

[240] vgl. Daniel/ Hirshleifer/ Subrahmanyam, 1998, S. 1845f

[241] vgl. Daniel/ Hirshleifer/ Subrahmanyam, 1998, S. 1846

Zum Zeitpunkt drei entspricht der Wertpapierpreis dem rationalen Wert.[242] Es folgt für normalverteilte Variablen:

$$P_1 = \frac{\sigma_\theta^2}{\sigma_\theta^2 + \sigma_C^2}(\theta + \varepsilon)$$

$$P_2 = \frac{\sigma_\theta^2(\sigma_C^2 + \sigma_P^2)}{D}\theta + \frac{\sigma_\theta^2\sigma_P^2}{D}\varepsilon + \frac{\sigma_\theta^2\sigma_C^2}{D}\eta$$

mit: $D \equiv \sigma_\theta^2(\sigma_P^2 + \sigma_C^2) + \sigma_P^2\sigma_C^2$, wobei σ_θ^2 die Varianz des Fundamentalwertes anzeigt. Das Signal $S_1 = \theta + \varepsilon$ wird im Zeitpunkt t=1 durch die Genauigkeit des Signals normalisiert.[243] Die Genauigkeit der Information beträgt bei gegebenem θ dann $\sigma_\theta^2 / \sigma_\theta^2\sigma_C^2$. Je sicherer oder overconfidenter ein Anleger in Bezug auf die privaten Informationen ist, desto kleiner ist σ_C^2 und der Term $\sigma_\theta^2 / (\sigma_\theta^2 + \sigma_C^2)$ nähert sich dem Wert 1, das bedeutet, dass sich die private Information stärker in dem Preis reflektiert. Wenn allerdings Unsicherheit über die private Information herrscht, dann spiegelt der Preis das private Signal ε nur beschränkt wider, ein entsprechend großer Wert von σ_C^2 führt dann zu einem Wert kleiner 1. Die Genauigkeit der verrauschten Information wird im Zeitpunkt t=2 angepasst.[244]

Aus diesem Modell lässt sich nun die Überreaktion des Wertpapierpreises ableiten, da aufgrund der Unterschätzung der Fehlervarianz der eigenen Prognose und Overconfidence, $\sigma_C^2 < \sigma_\varepsilon^2$, der Preis P_1 im Zeitpunkt 1 überschätzt wird. Diese Überschätzung kann zwar in der darauffolgenden Periode, aufgrund des eindeutigeren öffentlichen Signals, berichtigt werden, es ist aber ebenso möglich, dass die Überschätzung in gewissem Maße bestehen bleibt, da die Investoren die Genauigkeit ihrer Schätzung aufgrund von Self-Attribution nicht anzweifeln, und $\sigma_C^2 < \sigma_\varepsilon^2$ setzt sich fort. Daraus folgt, dass die öffentliche Information η in der Bewertung $P_2 = \frac{\sigma_\theta^2(\sigma_C^2 + \sigma_P^2)}{D}\theta + \frac{\sigma_\theta^2\sigma_P^2}{D}\varepsilon + \frac{\sigma_\theta^2\sigma_C^2}{D}\eta$ unterschätzt wird. Der zweite Term dieser Gleichung kann als Korrekturterm und der dritter Term als Momentumterm verstanden werden.[245]

Zusammenfassend beschreibt das Overconfidence-Modell eine Preisänderung, die durch private Informationen der informierten Investoren ausgelöst wird. Die Überschätzung der Genauigkeit der eigenen Informationen in Verbindung mit Overconfidence verursacht eine Überreaktion. Die Self-Attribution führt dann zusätzlich zur Unterschätzung der öffentlichen

242 vgl. Daniel/ Hirshleifer/ Subrahmanyam, 1998, S. 1846
243 vgl. Daniel/ Hirshleifer/ Subrahmanyam, 1998, S. 1846
244 vgl. Guo, 2002, S. 107f
245 vgl. Guo, 2002, S. 108

Information, die eigentlich die Überreaktion des Investors korrigieren soll, so dass die Überreaktion bestehen bleibt.[246]

Auch Barberis, Shleifer und Vishny haben 1998 ein Modell zur Erklärung von Über- und Unterreaktion vorgelegt. Diese *Model of Investor Sentiment* geht von der Annahme der beschränkten Rationalität, aufgrund der Biases Representativeness und Conservatism, aus.[247] Das Modell soll jedoch innerhalb dieser Arbeit nicht näher betrachtet werden.

4.3 Kritik an der Behavioral Finance aus Sicht der Neoklassik

Die Behavioral Finance ist aufgrund der Tatsache entstanden, dass empirische Untersuchungen eine große Anzahl von Anomalien aufdecken, die nicht mit der Effizienzmarkthypothese vereinbar scheinen. Die Erkenntnis, dass menschliches Denken und Handeln von den Annahmen der Kapitalmarkttheorie abweicht, veranlasst Wissenschaftler anderer Wissenschaftsrichtungen, wie der Psychologie oder der Soziologie, den Versuch zu unternehmen, ihre Disziplinen mit der Finanzmarkttheorie zu verbinden, um die Gründe und Auswirkungen des tatsächlichen Verhaltens in die Preisbildung am Finanzmarkt einzubeziehen. Der Versuch Anomalien zu erklären, hat zu zahlreichen wissenschaftlichen Arbeiten über das Thema geführt und die Forschungsrichtung Behavioral Finance ist entstanden. Die Wissenschaftler der Behavioral Finance erkennen die große Bedeutung, die darin liegt, den Menschen mit seiner Komplexität bei Aktienpreismodellen zu betrachten. Einige sehen sogar einen Paradigmenwechsel voraus.

Die Anhänger der Kapitalmarkttheorie wehren sich gegen diese Hoffnungen. Jensen sieht zwar durch die Betrachtung der gefundenen Anomalien eine Mini-Revolution voraus und hofft, dass damit präzisere und allgemeingültigere Theorien der Markteffizienz sowie Gleichgewichtsmodelle gefunden werden können,[248] gleichzeitig sagt er aber, dass es in der Ökonomie kein Konzept gibt, dass besser durch empirische Beweise gestützt wird, als die Effizienzmarkthypothese.[249]

Die meisten Vertreter der Kapitalmarkttheorie sehen in ihrer Theorie die einzig mögliche Erklärung des Finanzmarktes. Der Behavioral Finance wird vorgeworfen, sie sei nicht mehr als eine Ansammlung von nebeneinander stehenden empirischen Untersuchungen und Studien, die die verschiedenen Verhaltensanomalien aufdecken. Es fehle aber an einem geschlossenen Theoriegebäude. Und so werde auch das derzeitige Paradigma nicht aufgegeben werden, denn „ (…) reject one paradigm without simultaneously substituting

---

[246] vgl. Guo, 2002, S. 105
[247] vgl. Barberis/ Shleifer/ Vishny, 1998, S. 307ff
[248] vgl. Jensen, 1978, S. 95
[249] vgl. Jensen, 1978, S. 95

another is to reject science itself."[250] Und da die Behavioral Finance dieses noch nicht bieten kann, und sie nicht beweist, dass sie besser ist als die Effizienzmarkthypothese sowie das CAPM, ist es für die Neoklassik irrelevant, wie viele Anomalien entdeckt werden.[251]

Darüber hinaus wird die Bedeutung der Anomalien für die Preisbildung am Markt bezweifelt. Einer der großen Wissenschaftler der Behavioral Finance, Thaler, führt selbst an, welche Kritikpunkte häufig genannt werden. Zum einen wird gesagt, dass Investoren irrationales Verhalten vermieden und versuchten, sich richtig zu verhalten, wenn der Einsatz hoch genug wäre. Es wird auch das Argument angeführt, dass Anomalien durch Lernprozesse in der wahren Welt behoben werden könnten.[252] Zudem sorgten die Marktkräfte für die Eliminierung von Anomalien, wenn Investoren in aggregierter Form aufträten und die Anomalien in systematischer Form vorkämen. Weiterhin würden durch den Wettbewerb an den Finanzmärkten und die Möglichkeit zur Arbitrage die durch irrationale Agenten ausgelösten Effekte eliminiert.[253]

Fama, der sich als einer der größten Kritiker der Behavioral Finance darstellt, nennt die Forschungsrichtung schlicht „anomalies literature".[254] Er meint, dass die meisten Anomalien mit der Effizienzmarkthypothese vereinbar seien, oder dass sie bei Änderung der Technik sogar ganz verschwänden. Am Phänomen der Über- und Unterreaktion des Marktes auf Informationen versucht er seine Aussage zu stützen. So werden Über-/Unterreaktionen und verzögerte Preisanpassungen durch die Behavioral Finance-Wissenschaftler als Anomalien des Finanzmarktes angesehen und als Grund für die Zurückweisung der Effizienzmarkthypothese angesehen. Fama sagt aber, dass diese Phänomene durchaus mit der Annahme eines effizienten Marktes vereinbar seien und stellvertretend daran gezeigt werden könne, dass die meisten Anomalien unbedeutend für die Preisbildung am Markt seien.[255] Er nennt drei Gründe, warum die EMH nicht verworfen werden sollte. Zum ersten bezweifelt er, dass die sich mit dem Thema befassende Behavioral Finance-Literatur eine willkürliche Auswahl von Ereignissen beschreibt.[256] Er befürchtet, dass Ergebnisse ausgewählt worden seien, da sie besonders auffällig waren. Dieses „dredging for anomalies"[257] zeige, dass Behavioral Finance-Wissenschaftler nur daran interessiert seien, die EMH in Frage zu stellen.

---

[250] Kuhn, 1970, S. 79
[251] vgl. Lakatos, 1970, S. 121
[252] vgl. Müller, 2003, S. 102
[253] vgl. Thaler, 1986, S. 280ff
[254] Fama, 1998, S. 284
[255] vgl. Fama, 1998, S. 284
[256] vgl. Fama, 1998, S. 287
[257] Fama, 1998, S. 287

Zweitens würden einige Anomalien durch rationale Preisbestimmungsmodelle erst erzeugt und drittens seien die meisten Anomalien so instabil, dass sie bei Anwendung eines respektablen, alternativen Ansatzes verschwänden.[258] Speziell zu den Phänomenen Über- und Unterreaktion sagt er, dass die EMH in der Lage sei, die Phänomene einfach zu erklären, nämlich durch den Begriff der Chance, und dass wenn die Über- oder Unterreaktionen so groß seien, dass sie nicht mehr unter diesem Begriff eingeordnet werden könnten, sie durch abwechselndes Auftreten bei unterschiedlichen Ereignissen ausgeglichen werden würden. Daraus lasse sich schließen, dass die meisten Anomalien ausgeglichen würden.[259]

Nicht zuletzt wird an der Behavioral Finance kritisiert, dass sie eine hohe Komplexität aufweise. Im Gegensatz zum relativ einfachen CAPM wird durch den Einbezug der Vielzahl an aufgedeckten Verhaltensmechanismen, und der damit einhergehenden extrem hohen Komplexität, die Möglichkeit einer Modellbildung, vor allem in einer mathematischen Formulierung, erschwert. Auch eine Reduktion durch Auswahl von Verhaltensmechanismen wäre keine Alternative, da dann dem eigenen Anspruch widersprochen würde. Zudem neigen gerade komplexe Systeme dazu, Fehlreaktionen zu zeigen, wenn sie nicht korrekt oder unvollständig sind.[260] Solange die Behavioral Finance für diese Kritikpunkte keine Lösungen bereitstellt, wird die Kapitalmarkttheorie vermutlich ihren Stellenwert behalten.

---

[258] vgl. Fama, 1998, S. 287
[259] vgl. Fama, 1998, S. 284
[260] vgl. Roßbach, 2001, S. 24

5. Synthese aus Kapitalmarkttheorie und Behavioral Finance

In den vorhergehenden Abschnitten wurden die Kapitalmarkttheorie und ihr Beitrag zur Erklärung der Aktienpreisbildung an Finanzmärkten aufgezeigt. Die Theorie entstand in den 1960er Jahren und erlebte ihre Hochphase in den 1970er Jahren. Die Idee, dass sich Aktienpreise auf rationalen Erwartungen begründen, immer alle Informationen über die fundamentalen Werte enthalten und sich die Preise nur bei Änderungen der fundamentalen Daten ändern, passte zu den Trends der Zeit.[261] Das aufgestellte CAPM wurde verfeinert und es gab keinen Zweifel an der Bedeutung des Modells.

Dennoch gab es bereits in den 1970ern erste Literatur über die Entdeckung von Anomalien an den Finanzmärkten, aber erst in den 1980ern begannen die Diskussionen über die Effizienzmarkthypothese. Entscheidend war wohl die Erkenntnis, dass Aktien weitaus mehr Volatilität aufweisen, als die Änderungen der fundamentalen Daten dieses erlauben.[262] Es wurden mathematische Erklärungen gesucht, sowohl auf der Seite der Neoklassik, die die EMH bestätigen wollten, als auch auf der Seite der Behavioral Finance, die versuchten, die EMH zu widerlegen. In den 1990ern wurde die Behavioral Finance umfassender, indem sie nicht mehr nur ökonometrische Analysen erstellte, sondern auch psychologische und soziologische Aspekte in die Forschung mit einbezog, und damit gänzlich von der Rationalität des Investors am Markt Abstand genommen wurde. Besonders durch empirische Untersuchungen wurde die Annahme der Quasi-Rationalität gestützt.[263] Die Vielzahl der entdeckten Anomalien ließ es nicht mehr zu, die Kapitalmarkttheorie nicht in Frage zu stellen. Somit standen zwei Forschungszweige, die sich mit der Preisbildung von Aktien an Finanzmärkten beschäftigen, nebeneinander, welche zu der Zeit unvereinbar schienen. Doch wie ist der derzeitige Stand dieser Zweige?

Es stellt sich die Frage, in welche Richtungen sich die Kapitalmarkttheorie seit den 1970ern und die Behavioral Finance seit den 1980ern entwickelt haben. Ob sie bis heute den Anspruch haben, sich gegenseitig zu widerlegen, oder ob sie versuchen, sich anzunähern, und die Chance besteht, dass beide Aspekte miteinander vereinbar sind, und sie gemeinsam mit Erkenntnissen aus beiden Disziplinen die Preisbildung erklären. Um sich den Antworten auf diese Fragen anzunähern, soll in den folgenden Abschnitten zuerst aufgezeigt werden, welche Vorteile die Kapitalmarkttheorie und die Behavioral Finance aufweisen, und auf welchem

[261] vgl. Shiller, 2003, S. 83
[262] vgl. Shiller, 2003, S. 84f
[263] vgl. Shiller, 2003, S. 90f

Stand sich die jeweilige Forschung derzeit befindet. Danach sollen die Disziplinen miteinander verglichen und ihre Vereinbarkeit geprüft werden.

5.1 Vorzüge der Kapitalmarkttheorie und Stand der Forschung

Die Erkenntnisse der neoklassischen Kapitalmarkttheorie haben seit den letzen vierzig Jahren nicht nur im wissenschaftlichen Bereich, sondern auch in der Praxis eine weite Verbreitung gefunden. Die Praxis des modernen Portfoliomanagements agiert maßgeblich mit den Einsichten der Kapitalmarkttheorie und wäre ohne Begriffe wie „Betafaktor", „systematisches Risiko" etc. nicht mehr denkbar. Das CAPM ist in wissenschaftlicher Hinsicht das Kernstück der Kapitalmarkttheorie. Es verbindet die Ergebnisse von Markowitz bezüglich der Wertpapierstreuung mit der volkswirtschaftlichen Gleichgewichtstheorie, und macht sie so für die Betriebswirtschaftslehre als theoretisches Konstrukt nutzbar und bedeutsam.[264]

Der Erfolg der Kapitalmarktheorie basiert maßgeblich auf der Einfachheit der Modelle. Die konsistenten und mathematisch formulierten Konstrukte, die der Erklärung der fundamentalen ökonomischen Preisbildungsmechanismen dienen, die wiederum Grundlage für die Preisbildung am Markt sind, zeichnen sich durch eine weitgehende Abstraktion von der Realität aus. Dadurch werden existierende Störfaktoren aus der Betrachtung ausgeschlossen. Zu den dadurch begründeten Annahmen der Modelle der Kapitalmarkttheorie gehört vor allem der rationale Investor als Ausgangspunkt der Betrachtungen, von dem angenommen wird, dass sein Handeln sich zwangsläufig durchsetzen muss.[265]

Ebenso wichtig für die Modellbildung ist die Annahme einer Gleichgewichtssituation, die zwar weitab jeder Realität ist, jedoch als Hilfsgröße eine kalkulierbare Situation beschreibt, die sich bei Gültigkeit der Annahmen ergeben würde. Aufgrund der Dominanz der rationalen Handlungsweisen ist auch davon auszugehen, dass sich dieses Gleichgewicht nach Störungen des Marktes wieder einstellen wird, und somit eine begründbare Richtung von Veränderungen besteht, die berechenbar ist. Unter diesen Voraussetzungen wird die Preisbildung formal-logisch richtig abgebildet.[266]

Es stellt sich nur die Frage, ob die gemachten Abstraktionen die Realität weiterhin adäquat abbilden und vereinfachen, und die wesentlichen Mechanismen der Preisbildungsprozesse auf den Finanzmärkten extrahiert werden. Dass dem nicht so ist, konnte im Laufe dieser Arbeit gezeigt werden, da vor allem die Annahme des rationalen Handelns der Marktteilnehmer problematisch ist. Auch empirische Untersuchungen lassen Zweifel aufkommen an der

---

[264] vgl. Röckemann, 1995, S. 16f
[265] vgl. Roßbach, 2001, S. 21f
[266] vgl. Roßbach, 2001, S. 22

Qualität der Modelle. So ist grundsätzlich das Marktportfolio an den realen Finanzmärkten nicht beobachtbar, und Studien aus den 1990ern zur Systematik von Aktienkursen lassen Zweifel am empirischen Gehalt des CAPM aufkommen.[267]

Dabei werden die meisten Annahmen des CAPM kritisiert, weshalb es schon kurz nach dessen Erscheinen die ersten Anpassungen und Modifikationen gab. Dazu gehört das Zero-Beta CAPM, dass ohne die Annahme einer risikofreien Anlage die Preisbildung untersucht. Das Multi-Beta CAPM von Sharpe greift die Kritik auf, dass neben dem Betawert, der das systematische Risiko darstellt, alternative Einflussfaktoren existieren, und es teilt den originären Betawert deshalb in eine beliebige Anzahl von Risikomaßen auf. Merton entwickelte das statische einperiodige CAPM zu einem mehrperiodigen Modell weiter, indem er es um eine intertemporale Komponente erweiterte. Wichtig ist bei diesem Ansatz die Unterstellung eines zeitkontinuierlichen Handelns und einer lognormalen Verteilung der Wertpapierrenditen.[268] Eine ebenfalls bedeutende Weiterentwicklung ist das Consumption CAPM, bei dem die Annahme der Motivation der aktuellen Investmentaktivitäten für zukünftige Konsummöglichkeiten in den Mittelpunkt der Betrachtung rückt. Breeden entwickelte daraus ein Modell, in dem das Wertpapierrisiko durch die Sensitivität der Veränderungen des Investorenkonsums abgebildet wird.[269]

Einen gänzlich anderen Ansatz verwendet die Arbitrage Pricing Theory (APT), die etwa zehn Jahre nach dem Erscheinen des CAPM entwickelt wurde. Nicht mehr die Portfoliotheorie bildet das Fundament, sondern ein in sich geschlossenes Arbitragegebäude. Sie beschreibt zwar weiterhin eine lineare Risiko-Ertragsbeziehung, und baut damit auf dem gleichen gedanklichen Ausgangspunkt auf wie das CAPM, jedoch arbeitet sie mit mehr als einem Risikofaktor. Zudem kommt die APT zu Gleichgewichtspreisen, auch ohne die Kenntnis sehr spezieller Präferenzstrukturen der Anleger.[270] Damit gewinnt die APT gegenüber dem CAPM an Realitätsnähe und ermöglicht bessere Prognosen. Allerdings trifft sie keine Aussagen darüber, wie viele und welche Risikofaktoren durch den Markt prämiert werden. Die Empirie zeigt zwar bessere Ergebnisse für die APT als für das CAPM, kann diese jedoch auch nicht vollständig stützen.[271]

Alle diese Modifikationen wurden vorwiegend in den 1970ern entwickelt und durch widersprechende Ergebnisse empirischer Untersuchungen und Entdeckungen erster Kapitalmarktanomalien veranlasst. Diese Entdeckungen häufen sich, vor allem seit der

---

267 vgl. Fama/ French, 1992, S. 430ff
268 vgl. Užík, 2004, S. 53ff
269 vgl. Užík, 2004, S. 56f
270 vgl. Steiner/ Bruns, 1995, S. 29
271 vgl. Röckemann, 1995, S. 17ff

Wissenschaftszweig Behavioral Finance existiert, der explizit danach forscht. Aufgrund der großen Anerkennung des CAPM in der Wissenschaft wird deshalb bis in die Gegenwart versucht, das Modell durch Modifikationen stärker an die Realität anzupassen. Dabei wird in der neuesten Forschung vielfach die Gültigkeit und Stationarität des β untersucht, und es spielen vor allem die drei in den 1980ern und 1990ern entdeckten Kapitalmarktanomalien size effect, book-to-market effect und momentum effect wichtige Rollen. Der size effect beschreibt dabei das Phänomen, dass Durchschnittsrenditen von Aktien kleiner Unternehmen häufig zu hoch sind und Durchschnittsrenditen von Aktien großer Unternehmen zu niedrig sind. Man spricht vom book-to-market effect, wenn Durchschnittrenditen von Aktien mit hohem Buchwert-zu-Marktwert Verhältnis höher sind, als solche mit niedrigem Buchwert-zu-Marktwert Verhältnis. Die Beobachtung, dass Aktien mit hohen Renditen in den vorhergehenden zwölf Monaten dazu neigen, höhere zukünftige Rendite aufzuweisen als Aktien mit niedrigeren Renditen in den vorhergehenden zwölf Monaten, wird mit momentum effect bezeichnet.[272]

So entwickelten Fama und French im Jahr 1992 ein Drei-Faktor-Modell, das neben dem β des traditionellen CAPM zwei weitere Faktoren, size und book-to-market ratio, betrachtet, um daran Überrenditen zu erklären.[273] Weitere Untersuchungen zum CAPM gehen in ähnliche Richtungen und versuchen, weitere Faktoren auszumachen und in die Preisbestimmung einzubeziehen. Es gibt auch Versuche, die Kritiken an der EMH aufzugreifen und ihre Probleme durch Einfügen einer Informationsunsicherheitsprämie in das CAPM zu beheben. Hierdurch entsteht das Adjusted Capital Asset Pricing Model.[274]

An allen diesen Alternativen ist zu erkennen, dass die Entwicklung der Kapitalmarkttheorie noch nicht abgeschlossen ist, und es bis heute einen kontinuierlichen Entwicklungsprozess gibt. Allerdings zeigt die Literatur auch, dass es trotz aller Kritik am Grundmodell des CAPM an Modellerweiterungen fehlt, die ebensolche Akzeptanz in der Theorie erlangen und gleichzeitig die Realität besser widerspiegeln.

5.2 Vorzüge der Behavioral Finance und Stand der Forschung

Die neoklassische Kapitalmarkttheorie besitzt mit dem CAPM, wie bereits dargestellt, ein einfaches mathematisches Modell, mit dem sich Bewertungen von Wertpapieren im Marktgleichgewicht anhand der Fundamentaldaten darstellen lassen. Dabei ist unbestritten, dass Fundamentaldaten die wichtigsten Einflussfaktoren für die Preisbildung am Aktienmarkt

[272] vgl. Tai, 2003, S. 360f
[273] vgl. Bartholdy/ Peare, 2005, S. 415
[274] vgl. Užík, 2004, S. 291ff

sind.[275] Sie geben nicht nur die ursprünglichen Impulse für die Bildung von Erwartungen und die daraus folgenden Handlungen, vielmehr würden Finanzmärkte ohne sie chaotische Verhaltensweisen ohne konkrete Ursachen aufweisen, und diese wären nicht mehr in der Lage, ihre volkswirtschaftlichen Funktionen zu erfüllen. Jedoch bilden Aktienkurse nicht nur fundamentale Daten ab, sondern beinhalten auch Erwartungen über die Zukunft, die aufgrund ihrer Ungewissheit eine exakte Kalkulation von zukünftigen Fundamentaldaten unmöglich machen.[276] Deshalb spielen bei zukünftigen Erwartungen immer auch psychologische und soziologische Faktoren eine Rolle, die durch die kognitiven Fähigkeiten und mentalen Beschränkungen des Menschen ausgelöst und verstärkt werden. Diese beschränkten mentalen Fähigkeiten machen rationales Denken und Handeln unmöglich und führen, zumindest aus neoklassischer Sicht, zu Fehlverhalten. Tritt dieses Fehlverhalten systematisch auf, dann können daraus unvorhergesehene Marktbewegungen entstehen. Diese Marktbewegungen können zum Beispiel in Form von Spekulationsblasen auftreten, wie sie am Ende der 1990er Jahre am Neuen Markt entstand.[277] Die Vertreter der Kapitalmarkttheorie sehen in den Störungen, die Aktien von ihren, von fundamentalen Daten vorgegebenen, Kursen abbringen, zufällige Abweichungen, die irrelevant für die Modellbildung sind. Sie begründen diese Annahme damit, dass dieses Fehlverhalten verschwinde, wenn die Beträge über die der Entscheider verfügen müsse, hoch genug seien. Ebenso träten Lerneffekte auf, die das systematische Fehlverhalten verhindern würden. Darüber hinaus würden Fehler durch die Häufung vieler Entscheider irrelevant, und Arbitrage, sowie Wettbewerb sorgten dafür, dass durch irrationale Investoren ausgelöste Effekte eliminiert würden.[278] Somit spiele einzelnes Fehlverhalten in der Kapitalmarkttheorie keine Rolle und sei in den Modellen nicht zu beachten.

Die Anhänger der Behavioral Finance sehen das anders. Sie nehmen an, dass unvorhergesehene Marktbewegungen auf systematischem Verhalten beruhen. Dieses systematische Verhalten ist zurückzuführen auf vom Rationalverhalten abweichende Verhaltensmechanismen, die auf der Individualebene entstehen. Die Vertreter der Behavioral Finance widerlegen die Kritikpunkte der Kapitalmarkttheoretiker. So schreibt Thaler, dass Studien keinerlei Hinweise darauf gäben, dass höhere Beträge den Investor dazu veranlassen, rationaler zu handeln. Im Gegenteil zeigten Untersuchungen, dass bei steigendem finanziellem Antrieb der Entscheider eher zur Präferenzumkehr neige. Auch könne das

---

[275] vgl. Müller, 2003, S. 162
[276] vgl. Roßbach, 2001, S. 23
[277] vgl. Garz/ Günther/ Moriabadi, 2004, S. 102
[278] vgl. Thaler, 1986, S. 279ff

Argument der Lernfähigkeit des Anlegers zurückgewiesen werden, da Entscheidungen häufig in einzigartigen Situationen getroffen würden, und das benötigte Feedback an Finanzmärkten nicht unbedingt zu erwarten sei. Zudem kämen immer neue Anleger an die Finanzmärkte, die aufgrund von mangelnder Erfahrung quasi-rationales Verhalten zeigten.[279]
Auch die Erwartungen, dass Fehlverhalten einzelner durch die Häufung von Anlegern sowie durch Arbitrage- und Wettbewerbsvorgänge eliminiert werden, können durch Erkenntnisse der Behavioral Finance nicht bestätigt werden. So sind einige der entdeckten Anomalien als typisch menschliches Verhalten einzustufen, weshalb das Verhalten auf aggregierter Ebene eher verstärkt auftreten dürfte. Zudem kann im Rahmen des Noise Trading Ansatzes gezeigt werden, dass schon wenige nicht rational handelnde Agenten die Markteffizienz einschränken können, auch werden Arbitragebemühungen durch Noise risikobehaftet und damit beschränkt.[280] Aufgrund dessen versucht die Behavioral Finance zu erforschen, wie tatsächliches menschliches Denken und Verhalten aussieht und funktioniert, und sie versucht diese Erkenntnisse in die klassischen Preisbildungsmodelle einzubringen, ohne sie damit gänzlich in Frage zu stellen, sondern um sie realitätsnäher zu gestalten. Thaler drückt es so aus: "(...) rational models tend to be simple and elegant with precise predictions, while behavioral models tend to be complicated, and messy, with much vaguer predictions. But, look at it this way. Would you rather be elegant and precisely wrong, or messy and vaguely right?" Damit fordert Thaler die Einbeziehung verhaltenswissenschaftlicher Erkenntnisse in die Modelle der Preisbestimmung. Und davon gibt es sehr viele, so ist der Bereich der Behavioral Finance einer der dynamischsten und vielversprechensten Forschungsfelder der ökonomischen Wissenschaft, weil die Bedeutung der Psychologie auf den Finanzmärkten erkannt wurde.[281] Zu Beginn der Forschung in den 1970ern bestand der größte Teil der Literatur aus der Entdeckung und Analyse der Verhaltensanomalien, womit hauptsächlich der Weg geebnet wurde, die Effizienzmarkthypothese und die Annahme der Rationalität der Investoren in Frage zu stellen und die Erforschung des tatsächlichen menschlichen Verhaltens voran zu treiben.
Doch dabei ist die Forschung nicht stehen geblieben. Der Behavioral Finance wird vorgeworfen, dass „(...) the sole purpose of BF has been to discredit the EMH/ CAPM."[282] Aber die von Kahnemann und Tversky entwickelte Prospect Theory zeigt, dass der Versuch unternommen wird, die Grundpfeiler der Kapitalmarkttheorie nicht nur anzugreifen, sondern

[279] vgl. Thaler, 1986, S. 280f
[280] vgl. Müller, 2003, S. 102ff
[281] vgl. Stracca, 2004, S. 374
[282] Frankfurter/ McGoun, 2002, S. 381

auch durch realistischere Modelle zu ersetzen. So schafft die Prospect Theory zumindest die Möglichkeit, als empirisch bewährter Ansatz die Erwartungsnutzentheorie ersetzen zu können. Doch fehlt es, und da sind sich die Kritiker der Behavioral Finance, aber auch deren Befürworter einig, an einem eigenständigen Theoriegebäude. Die neuere Literatur, die sich zum großen Teil noch immer mit der Bestätigung und der Ablehnung der entdeckten Verhaltensanomalien und der Behavioral Finance als Ganzes, sowie deren Einfluss auf die Preisbildung von Wertpapieren beschäftigt, zeigt zwar erste Ansätze, Preisbildungsmodelle zu entwickeln, aufgrund der hohen Komplexität des Feldes kann das aber häufig nur für Teilbereiche geleistet werden. Zu nennen ist hier vor allem der Bereich des Noise Trading und insbesondere das Positive Feedback Trading, da es dort gelungen ist, Aktienpreise aufzuteilen in einen Teil, der an einem informationseffizienten Markt erzielt werden würde und einen Teil, der den Einfluss der Anleger zeigt, die nicht rational handeln, und deren Erwartungen über zukünftige Aktienkurse von den Kursen vorhergehender Perioden abhängt. Jedoch darf die Entwicklung, sofern Behavioral Finance sich als Alternative zur Kapitalmarkttheorie sieht, hier nicht enden. Es ist nötig, dass die Erkenntnisse der bisherigen Forschungen dazu führen, dass konsistente Modelle entstehen, die ein vollständiges Theoriegebäude bilden.

Um dabei die Komplexität zu bewältigen, bietet die Entwicklung der Informationstechnologie interessante Möglichkeiten. So können durch neuartige Simulationsmethoden auf der Basis von sogenannten Multiagentensystemen künstliche Märkte mit entsprechenden Agenten in einem Computermodell abgebildet werden. Deren Interaktionen und Verhaltensweisen können, nach Implementierung unterschiedlicher Verhaltensmuster und beliebiger Lern- und Anpassungsfähigkeiten, analysiert werden. So können, ausgehend von den auf der Mikroebene implementierten Verhaltensweisen, die Ergebnisse auf der Makroebene untersucht werden. Damit sind komplexe mathematische Modelle realisierbar, die analytisch kaum herleitbar sind. Zudem lassen sich Auswirkungen bestimmter isolierter Verhaltensweisen erforschen, was mit menschlichen Agenten nicht möglich ist.[283]

Insgesamt kann gesagt werden, dass die Behavioral Finance einen wichtigen Beitrag leistet, um menschliches Verhalten an den Finanzmärkten zu verstehen und unvorhergesehene Marktbewegungen, sowie deren Gründe analysieren zu können. Dass Erklärungsbedarf und Interesse daran besteht, lässt sich von dem Umfang der zugehörigen Literatur ableiten. Dennoch muss sie sich noch weiterentwickeln, um nicht bei der reinen Erklärung von Anomalien zu verharren, sondern um mehr zu leisten für die Analyse und Prognose von Aktienkursen.

---

[283] vgl. Roßbach, 2001, S. 25

5.3 Ist eine Zusammenführung beider Ansätze möglich?

Sowohl die Kapitalmarkttheorie als auch die Behavioral Finance besitzen individuelle Vorteile, der erste Ansatz aufgrund seiner Einfachheit und Konsistenz und der zweite aufgrund seiner Realitätsnähe. Dadurch liegt der Schluss nahe, dass versucht werden sollte, eine Verbindung aus beiden Ansätzen zur Analyse der Preisbildung an Finanzmärkten zu schaffen. Jedoch ist die Kapitalmarkttheorie bereits in der Wissenschaft etabliert, während die Behavioral Finance noch lange nicht den gleichen Stellenwert einnimmt. Dennoch zeigt die Praxis, dass die Finanzmarkttheorie nicht in der Lage ist, das Geschehen an den Märkten hinreichen zu erklären, aber es stellt sich die Frage, ob die Behavioral Finance eine sinnvolle Ergänzung oder sogar eine Alternative ist. Zudem ist es fraglich, ob Vertreter der jeweiligen Ansätze eine Verbindung als wünschenswert ansehen und diese anstreben.

Entgegen der Meinung der Vertreter der Behavioral Finance glauben die Vertreter der Kapitalmarkttheorie nicht daran, dass Aktienkurse von auftretendem Fehlverhalten in relevanter Weise beeinflusst werden. Sie bestreiten, dass die gefundenen Anomalien konsistent und stabil sind und dass sie systematisch auftreten. Zumeist wird das Auftreten von Anomalien mit fehlerhaften Untersuchungen begründet, und angenommen, dass bei Verwendung besserer Daten und intelligenterer statistischer Tests die Anomalien verschwinden. Ebenfalls wird behauptet, die entdeckten Anomalien seien erklärbare Phänomene, die beim testen von EMH und CAPM entgedeckt würden und mit den Erkenntnissen der EMH vereinbar seien.[284] Diese Aussagen gipfeln in dem Vorwurf, die einzige Aufgabe der Behavioral Finance sei es die EMH und das CAPM zu diskreditieren.[285]

Daneben wird angezweifelt, dass die Kritik an den Annahmen der Kapitalmarkttheorie Auswirkungen auf die Qualität der Modelle hat: "To put the point less paradoxically, the relevant question to ask about the "assumptions" of a theory is not whether they are descriptively "realistic", for they never are, but whether they are sufficiently good approximations for the purpose in hand. And this question can be answered only by seeing whether the theory works, which means whether it yields sufficiently accurate predictions."[286]

Die Kapitalmarkttheorie betrachtet ihre Annahmen nicht als kritische, sondern als angemessene Vereinfachungen. Die Theorie beruht maßgeblich auf der Annahme, dass Aktienpreise sich aufgrund von vorgegebenen Fundamentaldaten und Erwartungen bezüglich deren Entwicklung bilden. Ein Einfluss der Akteure auf Aktienkurse wird nicht betrachtet, da angenommen wird, dass dieser nicht existiert. Die Behavioral Finance kann anhand von

---

[284] vgl. Fama, 1998, S. 284f

[285] vgl. Frankfurter/ McGoun, 2002, S. 381

[286] Friedman, 1953

Untersuchungen zeigen, dass Aktienkurse höhere Schwankungen aufweisen, als durch Fundamentaldaten zu begründen sind. Sie bezieht in ihre Forschungen verschiedene Disziplinen, wie die Psychologie und die Soziologie, ein, und erklärt durch Betrachtung des Investors das Fehlverhalten, das zu unvorhergesehenen Kurs- und Marktbewegungen führen kann. Mittlerweile sind neben der hohen Volatilität viele andere Anomalien bekannt und durch verschiedene Studien bestätigt, so dass es folglich zu einer intensiven Betrachtung des Investorenverhaltens kommen musste.

Die Vertreter der Behavioral Finance erkennen den Stellenwert der Finanzmarkttheorie an, gleichwohl erachten sie ihre Erkenntnisse als bedeutend und wegweisend, um Probleme der Neoklassik, besonders in Bezug auf die Annahme der Rationalität von Investoren, auszugleichen. So stellt Thaler fest: „This is not to say that there is anything wrong with the theory as a theory or model of rational choice. Rationality does imply the near equality of buying and selling prices. The problem is in using the same model to prescribe rational choice and to describe actual choices. If people are not always rational, then we may need two different models for these two distinct tasks."[287] Und auch De Bondt und Thaler wollen das alte Paradigma nicht ersetzen, sondern es sinnvoll ergänzen: „(...) the assumptions and results of modern finance are often adequate and (...) many aspect of the perfect markets- perfect people approach should be retained. Nevertheless, exploring the implications of psychology for financial markets does offer the promise of helping us understand aspects of finance that appear puzzling within the standard paradigm."[288]

Das größte Problem der Behavioral Finance und damit auch der größte Kritikpunkt von Seiten der Vertreter der Finanzmarkttheorie besteht darin, dass die Literatur der Behavioral Finance zum großen Teil eine Literatur der Anomalien ist und es insgesamt an einem Theoriegebäude fehlt. Doch ohne ein neues Paradigma kann das alte nicht aufgegeben werden.[289] Dabei sind erste Versuche, eigenständige Modelle zu entwickeln, gemacht worden. Die Behavioral Finance ist zwar bisher noch nicht in der Lage, die Preisbildung von Aktien an den Finanzmärkten umfassend darzustellen. Dazu fehlt es an den nötigen Modellen. Dennoch konnte bereits durch die Prospect Theory von Kahnemann und Tversky aufgezeigt werden, wie die Nutzenfunktion eines Investors, unter Einbezug von psychologischen Erkenntnissen, realitätsnäher dargestellt werden kann, als das durch die Erwartungsnutzentheorie möglich ist. Außerdem zeigt das Positive Feedback Trading Möglichkeiten, Preisbildungsmodelle um Komponenten zu erweitern, die das tatsächliche Verhalten oder auch Fehlverhalten der

[287] Thaler, 1992, S. 4
[288] De Bondt/ Thaler, 1995, S. 388
[289] vgl. Frankfurter/ McGoun, 2001, S. 413

Marktakteure in die Preisbestimmung mit einbezieht. Aber es fehlt an einem Theoriegebäude, das in der Lage ist, die neoklassische Kapitalmarkttheorie zu verdrängen. Die Tatsache, dass sich die Behavioral Finance so nah an der herrschenden Theorie bewegt, erschwert die eigene Etablierung, da sie immer wieder an dem vorliegenden Paradigma gemessen wird. Die größte Gefahr sieht Thaler darin, dass die Behavioral Finance in die Finanzmarkttheorie eingehe und mit ihr verschmelze, denn das würde dessen Ende bedeuten.[290]

Aufgrund des großen Widerstandes und der starken Verteidigung des herrschenden Paradigmas von Seiten der Vertreter der Kapitalmarkttheorie erscheint eine gemeinsame Forschung unmöglich und eine Ablösung des neoklassischen Ansatzes durch ein Behavioral Finance-Paradigma ist nicht denkbar, da die Behavioral Finance sich noch nicht zu einem eigenständigen Paradigma entwickelt hat. Dennoch zeigt die Behavioral Finance, dass das herrschende Theoriegebäude nicht ausreichend ist und deshalb an einigen Stellen Weiterentwicklungen benötigt. Und so gibt sie Anregungen, die Komplexität der Finanzmärkte dort stärker in die Betrachtungen einzubeziehen, wo einfache, lineare Modelle nicht ausreichen, insbesondere wenn es um den Investor und sein tatsächliches Verhalten geht. Damit ist die Behavioral Finance für eine umfassende Analyse der Preisbildung an den Finanzmärkten unverzichtbar, und das anhaltende Interesse, sowie neuere Publikationen von anerkannten Wissenschaftlern und die Etablierung von ausschließlich diesem Thema gewidmeten Zeitschriften lässt eine weiter ansteigende Bedeutung der Behavioral Finance erwarten.

---

[290] vgl. Thaler, 1999, S. 13ff

6. Fazit

In dieser Arbeit sollte geprüft werden, welche Entwicklungen innerhalb der in der Wissenschaft etablierten neoklassischen Kapitalmarkttheorie stattgefunden haben, insbesondere aus welchen Gründen es zu Entwicklungen kam und wie diese aussehen. Außerdem sollte der relativ neue Wissenschaftszweig der Behavioral Finance betrachtet, deren Entwicklung aufgezeigt und die aktuelle Bedeutung geprüft werden. Insgesamt sollte untersucht werden, ob die Behavioral Finance eine sinnvolle Alternative zur Kapitalmarkttheorie ist und ob beide Ansätze miteinander vereinbar sind.

Um sich dem Thema zu nähern, wurde zu Beginn der Arbeit die Kapitalmarkttheorie dargestellt, wobei besonders die zugrundegelegten Annahmen herausgestellt wurden. So spielt das Menschenbild des rationalen Investors eine entscheidende Rolle bei der Preisbestimmung auf den Finanzmärkten mit Hilfe der Modelle der Kapitalmarkttheorie. Der rationale Mensch ist ein risikoaverser Nutzenmaximierer, der alle verfügbaren Informationen vollständig und richtig verarbeitet und sich nicht von Emotionen leiten lässt. Seine Präferenzen sind konform mit dem Axiomensystem nach von Neumann und Morgenstern und er besitzt eine stabile konkave Nutzenfunktion. Ebenso die Annahme der effizienten Märkte, also dass alle am Markt vorhandenen Informationen sofort und vollständig in die Wertpapierpreise eingehen, ist entscheidend für die Modelle der Theorie. Nur bei Vorhandensein dieser Annahmen können die Modelle angewendet werden. Damit sind die Annahmen der Kapitalmarkttheorie bezüglich des Investors und des Marktes zwar sehr restriktive, aber dennoch zulässige und sinnvolle Approximationen des menschlichen Verhaltens, ohne die die Bildung eines einfachen mathematischen Modells nicht möglich wäre. Und genau hier liegt der entscheidende Vorteil des bedeutensten Modells der Kapitalmarkttheorie, dem CAPM.

Dieses konsistente und mathematisch formulierte Konstrukt dient der Erklärung der fundamentalen Preisbildung am Finanzmarkt. Durch eine weitgehende Abstraktion von der Realität schließt dieses Modell existierende Störfaktoren aus der Betrachtung aus. Dadurch wird es zwar zu einem einfachen Modell, und hat aufgrund dessen seine derzeitige führende Stellung innerhalb der Finanzmarktforschung erlangt. Aber diese starke Abstraktion bringt auch Probleme mit sich, die sich vor allem in der Nichtüberprüfbarkeit des Modells, aufgrund des Marktportfolios, das alle am Markt vorhandenen Wertpapiere enthält und deshalb in der Praxis so nicht zu finden ist, zeigt. Aber sie sind auch bei alternativer Verwendung eines approximativen Index durch die Zurückweisung der Gültigkeit durch empirische Studien zu erkennen.

Deshalb sehen die Vertreter der Neoklassik die Notwendigkeit, dass ursprüngliche Modell zu erweitern, indem einige der Restriktionen aufgehoben werden. So werden in den Erweiterungen zum Beispiel Steuern und Transaktionskosten in die Betrachtung eingeschlossen, oder die Annahme der Existenz einer risikolosen Anlage, wie im Zero-Beta CAPM, wird aufgehoben. Alle diese Erweiterungen beziehen sich auf die Marktebene und es ist weiter der rationale Investor, der an diesen Märkten agiert. Anders ist es bei dem alternativen Modell zum CAPM, der APT. Innerhalb der APT wird davon ausgegangen, dass sich das Risiko eines Wertpapiers nicht mehr nur aus einem, sondern aus mehreren Faktoren zusammen setzt. Es befreit den Anwender von der Betrachtung des problematischen Marktportfolios, und es weicht die Annahmen bezüglich des rationalen Investors auf. So ist es zum Beispiel nicht mehr nötig anzunehmen, der Investor betrachte bei seinen Entscheidungen lediglich Rendite und Risiko eines Wertpapiers oder Portfolios. Trotz dieser Entwicklungen werden auch die alternativen Modelle nicht vollständig durch empirische Untersuchungen gestützt.
Einige Wissenschaftler, darunter auch Psychologen, stellen insbesondere die Annahme bezüglich der Rationalität des Investors in Frage und stützen ihre Vermutungen durch beobachtbares Fehlverhalten an den Finanzmärkten, sogenannte Anomalien. Die Entdeckungen von Anomalien häuften sich in den letzten dreißig Jahren und das gab den Anlass für die Zusammenarbeit zwischen Wirtschaftswissenschaftlern und Psychologen, die seitdem versuchen, finanzwirtschaftliche und verhaltenswissenschaftliche Erkenntnisse zu verbinden, um tatsächliches Investorenverhalten und unvorhergesehene Marktbewegungen zu erklären. Es entstand der Forschungszweig Behavioral Finance. Die Behavioral Finance zeigt, dass Menschen nur begrenzte kognitive Fähigkeiten besitzen und sich in Entscheidungssituationen deshalb keineswegs rational verhalten, sondern anhand von Heuristiken und Biases denken und handeln. Aufgrund der Anomalien im Verhalten des Investors hat sich in der Behavioral Finance der Begriff der Quasi-Rationalität etabliert und weist insbesondere auf den unvollständigen Informationsaufnahme und –verarbeitungsprozess hin. Auch geht die Behavioral Finance von einer Präferenzstruktur aus, die von der in der Kapitalmarkttheorie angenommenen Struktur abweicht. So spielen zum Beispiel Faktoren wie Referenzabhängigkeit, Zeitinkonsistenz und Fairness in der Behavioral Finance eine Rolle, während diese in der Kapitalmarkttheorie ausgeschlossen werden. Auch die Nutzenfunktion des Investors zeigt in der Behavioral Finance, die entscheidend durch die Prospect Theory von Kahnemann und Tversky geprägt wurde, nicht mehr den konkaven, sondern einen S-

förmigen Verlauf und beschreibt, dass sich Investoren in Gewinnsituationen risikoavers und in Verlustsituationen risikosuchend verhalten.
Ausgehend von diesen veränderten Annahmen haben die Vertreter der Behavioral Finance versucht, Preisbildungsmodelle zu entwickeln, die deren verhaltenswissenschaftliche Erkenntnisse einbeziehen. So ist die Behavioral Portfolio Theory ein Modell, das die Theorie der Portfolioselektion nach Markowitz, auf der die Kapitalmarkttheorie aufbaut, mit den Erkenntnissen über das menschliche Fehlverhalten ergänzt. Innerhalb der BPT wird untersucht, welchen Einfluss psychologische Faktoren, wie die Bildung von mentalen Konten, auf die Portfoliobildung haben und warum Investoren ihre Portfolios nicht, wie gefordert, immer richtig und vollständig diversifizieren.
Ein besonders wichtiger Themenbereich der Behavioral Finance ist der Noise Trading Ansatz, der von der Existenz von sowohl rationalen, als auch quasi-rationalen Investoren an den Finanzmärkten ausgeht. Es wird gezeigt, dass auch wenige Noise Trader bereits einen Einfluss auf die Preisbildung haben können, so dass der Wertpapierpreis von seinem Fundamentalwert abweicht. Zu nennen ist insbesondere das Positive Feedback Trading, das davon ausgeht, dass quasi-rationale Investoren zukünftige Erwartungen bezüglich Wertpapierpreisentwicklungen von vergangenen Entwicklungen abhängig machen, und weist mathematische Modelle auf, die den Einfluss der Noise Trader auf die Preisbildung einbeziehen. Ebenso besitzt das Overconfidence-Modell mathematische Konstrukte zur Analyse von Preisbildungsfaktoren, allerdings werden hier Überreaktionen an Finanzmärkten, ausgelöst durch Noise, Overconfidence und Self-Attribution, untersucht.
Die Analyse der Preisbildungsmodelle mit Hilfe von Behavioral Finance Erkenntnissen zeigt, dass auch hier mathematische Modelle zur Verfügung stehen, die die Realität allerdings wesentlich besser darstellen, als die Modelle der Kapitalmarkttheorie, da sie auf eine so weitreichende Abstraktion verzichten. Dennoch konzentrieren sich auch diese Modelle vorwiegend auf einzelne Anomalien oder Phänomene. Denn obwohl der entscheidende Vorteil der Behavioral Finance bei der Realitätsnähe liegt, weist sie gerade deshalb auch eine hohe Komplexität auf, die die Formulierung von einfachen mathematischen Modellen schwer oder sogar unmöglich macht.
Die Frage nach der Vereinbarkeit von Kapitalmarkttheorie und Behavioral Finance kann nicht eindeutig beantwortet werden. So bringt die Behavioral Finance Erkenntnisgewinne, die die Erklärung von spezifischen Marktgeschehnissen erst möglich macht, dennoch bereitet die hohe Komplexität und das derzeitige Fehlen eines eigenständigen Theoriegebäudes Probleme bei der Etablierung, vor allem in Anbetracht der Tatsache, dass die Vertreter der

Kapitalmarkttheorie sich zum großen Teil gegen die Behavioral Finance aussprechen. Ihrer Ansicht nach seien die entdeckten Anomalien ausschließlich bei der Prüfung von EHM und CAPM entdeckt worden und seien mit der Theorie konsistent oder verschwänden bei Verwendung anderer Prüfungsverfahren. Sie halten die Kapitalmarkttheorie für das einzig geltende Modell und die Annahmen für zulässige Abstraktionen. Die Vertreter der Behavioral Finance akzeptieren die Bedeutung der Kapitalmarkttheorie, sehen aber den Bedarf an verhaltenswissenschaftlichen Erweiterungen als gegeben an.

Zusammenfassend verfügt die neoklassische Kapitalmarkttheorie über die in Theorie und Praxis herrschenden Preisbildungsmodelle, und die Behavioral Finance ist noch nicht in der Lage, ebenbürtige Modelle zur Verfügung zu stellen, die zu einem Paradigmenwechsel führen könnten. Dennoch bereichern die verhaltenswissenschaftlichen Erkenntnisse die Diskussion, stellen die Allgemeingültigkeit des CAPM in Frage und führen zu der Forderung nach mehr Realitätsnähe. Aufgrund der Dynamik innerhalb der Behavioral Finance ist zu erwarten, dass dieser Forschungszweig weiter an Bedeutung gewinnen wird.

Literaturverzeichnis

Barberis, N./ Shleifer, A./ Vishny, R. (Barberis/ Shleifer/ Vishny, 1998); A model of investor sentiment, in: Journal of Financial Economics, Vol.49, 1998, S. 307- 343

Bartholdy, J./ Peare, P. (Bartholdy/ Peare, 2005); Estimation of expected return: CAPM vs. Fama and French, in: International Review of Financial Analysis, Vol.14, 2005, S. 405- 427

Bruns, C./ Meyer- Bullerdiek, F. (Bruns, Meyer- Bullerdiek, 2000); Professionelles Portfoliomanagement. Aufbau, Umsetzung und Erfolgskontrolle strukturierbarer Anlagestrategien, zweite überarbeitete und erweiterte Auflage, Stuttgart, Schäffer- Poeschel Verlag, 2000

Camerer, C.F. (Camerer, 2004); Prospect Theory in the Wild: Evidence from the Field, in: Advances in Behavioral Economics, Edited by Camerer, Colin F./ Loewenstein, George/ Rabin, Matthew, New York, Russel Sage Foundation, 2004, S. 148- 161

Camerer, C.F./ Loewenstein, G. (Camerer/ Loewenstein, 2004); Behavioral Economics: Past, Present, Future, in: Advances in Behavioral Economics, Edited by Camerer, Colin F./ Loewenstein, George/ Rabin, Matthew, New York, Russel Sage Foundation, 2004, S. 3- 52

Camerer, C.F. / Lovallo, D. (Camerer/ Lovallo, 1999); Overconfidence and Excess Entry: An Experimental Approach, in: American Economic Review, Vol.89, 1999, S. 306- 318

Chan, W. S./ Frankel, R./ Kothari, S.P. (Chan/ Frankel/ Kothari, 2004); Testing behavioral finance theories using trends and consistency in financial performance, in: Journal of Accounting and Economics 38, 2004, S. 3-50

Coval, J.D./ Shumway, T. (Coval/ Shumway, 2005); Do Behavioral Biases Affect Prices ?, in: The Journal of Finance, Vol. LX, No.1, February 2005, S. 1- 35

Cutler, D.M./ Poterba, J.M./ Summers, L.H. (Cutler/ Poterba/ Summers, 1990); Speculative Dynamics and the Role of Feedback Traders, in: The American Economic Review, Vol.80, No.2, 1190, S. 63- 68

Daniel, K./ Hirshleifer, D./ Subrahmanyam, A. (Daniel/ Hirshleifer/ Subrahmanyam, 1998); Investor Psychology and Security Market Under- and Overreactions, in: Journal of Finance, Vol.53, No.6, 1998, S. 1839- 1886

De Bondt, W.F.M./ Thaler, R.H. (De Bondt/ Thaler, 1985); Does the Stock Market Overreact?, in The Journal of Finance, Vol.40, No.3, 1985, S. 793- 808

De Bondt, W.F.M./ Thaler, R. (De Bondt/ Thaler, 1995); Financial Decision- Making in Markets and Firms : A Behavioral Perspective, in: Handbooks in Operations Research and Management Science: Finance, Vol.9, (Hrsg) v. Jarrow, R.A./ Maksimovic, V./ Ziemba, W.T., North Holland, 1995, S. 385- 410

De Long, J.B./ Shleifer, A./ Summers, L.H./ Waldmann, R.J. (DSSW, 1990a); Noise Trader Risk in Financial Markets, in: Journal of Political Economy, Vol.98, No.4, 1990, S. 703-738

De Long, J.B./ Shleifer, A./ Summers, L. H./ Waldmann, R.J. (DSSW, 1990b); Positive Feedback Investment Strategies and Destabilizing Rational Speculation, in: The Journal of Finance, Vol.45, No.2, 1990, S. 379- 395

Dörner, D. (Dörner, 2006); Die Logik des Misslingens. Strategisches Denken in komplexen Situationen, 5. Auflage, Reinbek bei Hamburg, Rowohlt Taschenbuch Verlag, 2006

Ebering, Dr. A. (Ebering, 2005); Behavioral Economics. Konzepte und Anwendungen, Diss., Univ., Köln, Lohmar- Köln, Eul Verlag, 2005

Eilenberger, Dr. G. (Eilenberger, 2003); Betriebliche Finanzwirtschaft. Einführung in Investition und Finanzierung, Finanzpolitik und Finanzmanagement von Unternehmungen, 7., vollständig überarbeitete und erweiterte Auflage, München, Oldenbourg Verlag, 2003

Eisenführ, F./ Weber, M. (Eisenführ/ Weber, 2003); Rationale Entscheiden, 4., neu bearb. Aufl., Berlin, Heidelberg, Springer- Verlag, 2003

Entrup, U. (Entrup, 1995); Kapitalmarktreaktionen auf Optionsanleihen: finanzierungs-theoretische Begründung und empirische Analyse der Aktienkursreaktionen, Wiesbaden, Deutscher Universitäts- Verlag, 1995

Fama, E.F. (Fama, 1998); Market efficiency, long- term returns, and behavioral finance, in: Journal of Financial Economics Vol.49, 1998, S. 283-306

Fama, E.F./French, K.R. (Fama/ French, 1992); The Cross- Section of Expected Stock Returns, in: Journal of Finance, Vol. 47, S. 427- 465

Fehr, E./ Gächter, S. (Ernst/ Gächter, 2004); The Economics and Reciprocity, in: Advances in Behavioral Economics, Edited by Camerer, Colin F./ Loewenstein, George/ Rabin, Matthew, New York, Russel Sage Foundation, 2004, S. 510- 532

Fehr, E./ Schmidt, K.M. (Fehr/ Schmidt, 2004); A Theory of Fairness, Competition, and Cooperation, in: Advances in Behavioral Economics, Edited by Camerer, C. F./ Loewenstein, G./ Rabin, M., New York, Russel Sage Foundation, 2004, S. 271- 296

Fischer, E.O. (Fischer, 2002); Finanzwirtschaft für Fortgeschrittene, 3., überarb. Aufl. München, Oldenbourg Wissenschaftsverlag GmbH, 2002

Frankfurter, G.M./ McGoun, E.G. (Frankfurter/ McGoun, 2001); Anomalies in finance. What are they and what are they good for?, in: International Review of Financial Analysis, Vol.10, 2001, S. 407- 429

Frankfurter, G.M./ McGoun, E.G. (Frankfurter/ McGoun, 2002); Resistance is futile: The assimilation of behavioral finance, in: Journal of Economic Behavior & Organization, Vol.48, 2002, S. 375- 389

Frederick, S./ Loewenstein, G./ O'Donoghue, T. (Frederick/ Loewenstein/ O'Donoghue, 2004); Time Discounting and Time Preference: A Critical Review, in: Advances in Behavioral Economics, Edited by Camerer, C.F./ Loewenstein, G./ Rabin, M., New York, Russel Sage Foundation, 2004, S. 162- 222

Friedman, M. (Friedman, 1953); Essays in Positive Economics. Chicago, University of Chicago Press, 1953

Garber, P. M. (Garber, 1990); Famous First Bubbles, in: Journal of Economic Perspectives, Vol.4, No.2, 1990, S. 35- 54

Garz, Dr.H./ Günther, S./ Moriabadi, C. (Garz, Günther, Moriabadi, 2004); Portfolio-Management. Theorie und Anwendung, dritte durchgesehene Auflage, Frankfurt am Main, Bankakademie Verlag GmbH, 2004

Goldberg, J./ Nitzsch, R. von (Goldberg/ Nitzsch, 1999); Behavioral Finance. Gewinnen mit Kompetenz, 3. Auflage, München, Finanzbuch Verlag GmbH, 2000

Götte, R. (Götte, 2006); Finanzgenie oder Bankrotteur- wie psychische Effekte an der Börse wirken: Das 1 x 1 der Behavioral Finance, Stuttgart, Ibidem- Verlag, 2006

Gräfer, H. (Gräfer, 2001); Finanzierung: Grundlagen, Institutionen, Instrumente und Kapitalmarkttheorie; mit Fragen, Aufgaben und Lösungen, 5., neu bearb. Aufl., Berlin, Erich Schmidt Verlag GmbH & Co., 2001

Griffin, D. /Tversky, A. (Griffin/ Tversky, 1992); The Weighing of Evidence and the Determinents of Confidence, in: Cognitive Psychology, Vol.24, 1992, S. 411- 435

Guo, Z. (Guo, 2002); Behavioral Finance: Die empirische Überprüfbarkeit behavioraler Modelle, Dissertation Nr. 2625, Universität St. Gallen, St. Gallen, 2002

Hein, J.A. (Hein, 2002); Präferenzmessung von Anlegern: Verfahren der Entscheidungsunterstützung im Portfolio Management und in der Anlageberatung, Erlangen, Nürnberg, Univ., Diss., Frankfurt am Main, Peter Lang GmbH, 2001

Hug, P. (Hug, 1993); Eine volkswirtschaftliche Theorie der Unternehmensentscheidungen unter besonderer Berücksichtigung von Unsicherheit, Freiburg, Univ., Diss, Centaurus-Verl.-Ges-, 1993

Hvide, H.K. (Hvide, 2002); Pragmatic beliefs and overconfidence, in: Journal of Economic Behavior & Organization, Vol.48, 2002, S. 15- 28

Jegadeesh, N. (Jegadeesh, 1995); Advances in Behavioral Finance, in: The Journal of Finance, Vol. 50, No.1, Mar., 1995, S. 396-400

Jensen, M.C. (Jensen, 1978); Some anomalous evidence regarding market efficiency, in: Journal of Financial Economics, Vol.6, S. 95- 101

Jünemann, B./ Schellenberger, D. (Jünemann/ Schellenberger, 1997); Investment-psychologie- Ein modernes Konzept, in: Die Bank, Heft 9, 1997, S. 562-565

Kahnemann, D./ Knetsch, J.L./ Thaler, R.H. (Kahnemann/ Knetsch/ Thaler, 2000); Anomalies. The Endowment Effect, Loss Aversion and Status Quo Bias, in: Choices, Values And Frames, Edited by Kahnemann, Daniel/ Tversky, Amos, New York, Russel Sage Foundation, 2000, S. 159- 170

Kahnemann, D./ Knetsch, J.L./ Thaler, R.H. (Kahnemann/ Knetsch/ Thaler, 2004); Fairness as a Constraint on Profit Seeking: Entitlemements in the Market, in: Advances in Behavioral Economics, Edited by Camerer, C.F./ Loewenstein, G./ Rabin, M., New York, Russel Sage Foundation, 2004, S. 252- 270

Kahnemann, D./ Riepe, M.W. (Kahnemann/ Riepe, 1998); Aspects of Investor Psychology: Beliefs, Preferences, and Biases Investment Advisors Should Know About, in: Journal of Portfolio Management, Vol.24, 1998, S. 52- 65

Kahnemann, D./ Tversky, A. (Kahnemann/ Tversky, 1979); Prospect Theory: An Analysis of Decision under Risk, in: Econometrica, Vol.47, S. 263- 291

Kahnemann, D./ Tversky, A. (Kahnemann/ Tversky, 2000); Prospect Theory: An Analyses of Decision under Risk, in: Choices, Values And Frames, Edited by Kahnemann, Daniel/ Tversky, Amos, New York, Russel Sage Foundation, 2000, S. 17- 43

Koehler, D. J./ Brenner, L. / Griffin, D. (Koehler/ Brenner/ Griffin, 2002); The Calibration for Expert Judgment: Heuristics and Biases Beyond the Laboratory, in Gilovich, T./ Griffin, D./Kahnemann, D. (Hrsg.), Heuristics and Biases: The Psychology of Intuitive Judgments, Cambridge, S. 686- 715

Kosfeld, R. (Kosfeld, 1996); Kapitalmarktmodelle und Aktienbewertung: eine statistische-ökonometrische Analyse, Wiesbaden, Gabler, 1996

Kottke, N. (Kottke, 2005); Entscheidungs- und Anlageverhalten von Privatinvestoren. Psychologische Aspekte der Wertpapieranlage, Dissertation Univ. Innsbruck, 1. Auflage, Wiesbaden, Deutscher Universitäts- Verlag, 2005

Kudlich, P. (Kudlich, 2002); Anlage- und Handelsverhalten deutscher Privatanleger. Eine statistische Beschreibung und Analyse auf Basis des Online- Brokerage, St. Gallen, Universität, Dissertation Nr. 2701, Stuttgart, Verlag Paul Haupt, 2002

Kuhn, T.S. (Kuhn, 1970); The structure of scientific revolutions. Chicago: The University Press, 1970

Lakatos, I. (Lakatos, 1970); Falsification and the methodology of scientific research programmes, in: Criticism and the growth of knowledge, Lakatos, I. & Musgraves A. (Eds.), Cambridge, Cambridge University Press, 1970

Lakonishok, J./ Shleifer, A./ Thaler, R./ Vishny, R.W. (Lakonishok/ Shleifer/ Thaler/ Vishny, 1991); Window Dressing by Pension Fund Managers, in: American Economic Review, Vol.81, 1991, S. 227- 231

Langer, E.J. / Roth, J. (Langer/ Roth, 1975); Heads I Win, Tails it's Chance: The Illusion of Control as a Function of Sequence of Outcomes in a Purely Chance Task, in: Journal of Personality and Social Psychology, Vol.32, 1975, S. 951- 955

Lapp, S. (Lapp, 1999); Zu den Anlageentscheidungen für deutsche Investoren: Eine portfoliotheoretische Analyse, Kiel, Kieler Arbeitspapiere Nr. 936, Institut für Weltwirtschaft, 1999

Lee, C.M.C./ Shleifer, A. / Thaler, R.H. (Lee/ Shleifer/ Thaler, 1991); Investor Sentiment and the Closed- End Fund Puzzle, in: Journal of Finance, Vol.46, 1991, S. 75- 109

Lopes, L.L. (Lopes, 1987); Between Hope and Fear: The Psychology of Risk, in: Advances in Experimental Social Psychology, Vol.20, 1987, S. 255- 295

Mertens, D. (Mertens, 2004); Portfolio- Optimierung nach Markowitz, Frankfurt am Main, Bankakademie Verlag GmbH, 2004

Müller, Dr. S. (Müller, 2003); Die Bewertung junger Unternehmen und Behavioral Finance. Eine theoretische und experimentelle Untersuchung, Dissertation, Universität Münster, 1. Auflage, Köln, Josef Eul Verlag GmbH, 2003

Munro, A./ Sugden, R. (Munro/ Sugden, 2003); On the theory of reference- dependent preferences, in: Journal of Economic Behavior & Organization, Vol.50, 2003, S. 407- 428

Nitzsch, Prof. Dr. R. von/ Friedrich, C. (Nitzsch/ Friedrich, 1999); Entscheidungen in Finanzmärkten- Psychologische Grundlagen, erste Auflage, Aachen, Wissenschaftsverlag Mainz, 1999

Nwogugu, M. (Nwogugu, 2006); A further critique of cumulative prospect theory and related approaches, in: Applied Mathematics and Computation 179, 2006, S. 451- 465

Odean, T. (Odean, 1998); Are Investors Reluctant to Realize Their Losses?, in: Journal of Finance, Vol.53, 1998, S. 1775- 1798

O'Donoghue, T./ Rabin, M. (O'Donoghue/ Rabin, 2004); Doing It Now or Later, in: Advances in Behavioral Economics, Edited by Camerer, C. F./ Loewenstein, G./ Rabin, M., New York, Russel Sage Foundation, 2004, S. 223- 251

Oehler, A. (Oehler, 1992); "Anomalien", "Irrationalitäten" oder "Biases" der Erwartungsnutzentheorie und ihre Relevanz für Finanzmärkte, in: Zeitschrift für Bankrecht und Bankwirtschaft (ZBB), Heft 2, S. 97- 124

Okun, A. (Okun, 1981); Prices and Quantities: A Macroeconomic Analysis, Washington, D.C., The Brooking Institution, 1981

Olsen, R.A. (Olsen, 1997); Prospect Theory as an Explanation of Risky Choice by Professional Investors: Some Evidence, in: Review of Financial Economics, Vol. 6, No.2, S. 225-232

Opfer, H. (Opfer, 2004); Zeitvariable Asset- Pricing- Modelle für den deutschen Aktienmarkt. Empirische Untersuchung der Bedeutung makroökonomischer Einflussfaktoren, Gießen, Univ., Diss., Wiesbaden, Deutscher Universitäts- Verlag, 2004

Pelzmann, L. (Pelzmann, 2006); Wirtschaftspsychologie. Behavioral Economics, Behavioral Finance, Arbeitswelt, vierte, unveränderte Auflage, Wien, Springer- Verlag, 2006

Peters, H.- W. (Peters, 1987); Kapitalmarkttheorie und Aktienmarktanalyse, Frankfurt am Main, Verlag Peter Lang GmbH, 1987

Poddig, T./ Brinkmann, U./ Seiler, K. (Poddig/ Brinkmann/ Seiler, 2005); Portfolio Management, Konzepte und Strategien, Bad Soden/ Ts., Uhlenbruch Verlag, 2005

Rabin, M./ Thaler, R.H. (Rabin/ Thaler, 2001); Anomalies. Risk Aversion, in: Journal of Economic Perspectives, Volume 15, Number 1, 2001, S. 219- 232

Rentmeister, U. (Rentmeister, 1994); Devisenspekulation bei heterogenen Erwartungen: eine Simulationsstudie auf der Grundlage eines Modells beschränkter Rationalität, Kiel, Univ., Diss., Frankfurt am Main, Peter Lang Verlag, 1994

Röckemann, C. (Röckemann, 1995); Börsendienste und Anlegerverhalten: ein empirischer Beitrag zum noise trading, Wiesbaden, Gabler Verlag, Deutscher Universitäts- Verlag, 1995

Roßbach, P. (Roßbach, 2001); Nr.31, Behavioral Finance: Eine Alternative zur vorherrschenden Kapitalmarkttheorie?, Frankfurt am Main, Hochschule für Bankwirtschaft, 2001

Russo, E./ Schoemaker, P.J.H. (Russo/ Schoemaker, 1992); Managing Overconfidence, in: Sloan Management Review, Vol.33, 1992, S. 7- 17

Schmidt, J. (Schmidt, 2004); Anlageentscheidungen am Aktienmarkt. Eine experimentelle Analyse der Informations- und Entscheidungsprozesse individueller Anleger, Bamberg, Univ., Diss., Frankfurt am Main, Peter Lang GmbH, 2004

Schmidt-von Rhein, A. (Schmidt- von Rhein, 1996); Die Moderne Portfoliotheorie im praktischen Wertpapiermanagement. Eine theoretische und empirische Analyse aus Sicht privater Kapitalanleger, Bad Soden/ Ts., Uhlenbruch Verlag, 1996

Schmidt-Wilke, H. (Schmidt- Wilke, 1998); Fortschritt in der Finanzwirtschaft: eine wissenschaftstheoretische Untersuchung, Wiesbaden, Gabler, 1998

Schredelseker, K. (Schredelseker, 2002); Grundlagen der Finanzwirtschaft: ein informationsökonomischer Zugang, München, Oldenbourg Wissenschaftsverlag GmbH, 2002

Schulz, I. (Schulz, 2001); Die Europäische Währungsunion und das Management von Aktienportfolios: Auswirkungen für europäische Investoren, 1. Auflage, Wiesbaden, Dt. Univ.- Verl., Gabler, 2001

Schwartz, H. (Schwartz, 2002); Herbert Simon and behavioral economics, in: Journal of Socio- Economics 31, 2002, S. 181- 189

Shefrin, H. M./ Statman, M. (Shefrin/ Statman, 1985); The Disposition to Sell Winners Too Early and Ride Losers Too Long. Theory and Evidence, in: The Journal of Finance, Vol. XL, No.3, 1985, S. 777- 790

Shefrin, H./ Statman, M. (Shefrin, Statman, 2000); Behavioral Portfolio Theory, in: The Journal of Financial and Quantitative Analysis, Vol.35, No.2, 2000, S. 127- 151

Shiller, R.J. (Shiller, 1984); Stock Prices and Social Dynamics, Brooking Papers on Economic Activity, No.2, 1984, S. 457- 498

Shiller, R.J. (Shiller, 2003); From Efficient Markets Theory to Behavioral Finance, in: The Journal of Economic Perspectives, Vol. 17, No.1, Winter, 2003, S.83-140

Shleifer, A. (Shleifer, 2000); Inefficient Markets. An Introduction to Behavioral Finance, Oxford, New York, Oxford University Press, 2000

Shleifer, A./ Summers, L.H. (Shleifer/ Summers, 1990); The Noise Trader Approach to Finance, in: Journal of Economic Perspectives, Vol.4, No.2, 1990, S. 19- 33

Simon, H.A. (Simon, 1997); Am Empirically Based Microeconomics, Cambrigde, Cambridge University Press, 1997

Sorger, G. (Sorger, 2000); Entscheidungstheorie bei Unsicherheit: Grundlagen und Anwendungen, Stuttgart, Lucius & Lucius Verlagsgesellschaft mbH, 2000

Spremann, K. (Spremann, 2003); Portfoliomanagement, 2., überarb. und erg. Aufl., München, Oldenbourg Wissenschaftsverlag GmbH, 2003

Stahlhut, B. (Stahlhut, 1997); Messung und Analyse der Performance von Aktienportfolios: theoretische Grundlagen ausgewählter Konzepte und deren praktische Bedeutung, 1. Aufl., Frankfurt am Main, Bankakademie- Verlag GmbH, 1997

Statman, M. (Statman, 1999); Behavioral Finance: Past Battles and Future Engagements, in: Financial Analyst Journal, Vol.55, 1999, S. 18- 27

Steiner, M./ Bruns, C. (Steiner, Bruns, 1995); Wertpapiermanagement, vierte überarbeitete und ergänzte Auflage, Stuttgart, Schäffer- Poeschel Verlag, 1995

Steul, M. (Steul, 2003); Risikoverhalten privater Kapitalanleger für das Finanzdienstleistungsmarketing, Diss., Uni. Frankfurt am Main, Wiesbaden, Deutscher Universitäts- Verlag, 2003

Stracca, L. (Stracca, 2004); Behavioral finance and asset prices: Where do we stand?, in: Journal of Economic Psychology, Vol.25, 2004, S. 373- 405

Tai, C.- S. (Tai, 2003); Are Fama- French and momentum factors really priced ?, in: Journal of Multinational Financial Management, Vol.13, 2003, S. 359-384

Thaler, R.H. (Thaler, 1986); The Psychology and Economics Conference Handbook: Comments on Simon, on Einhorn and Hogarth, and on Tversky and Kahnemann, in: The Journal of Business, Vol.59, No.4, Part 2: The Behavioral Foundations of Economic Theory, 1986, S. 279- 284

Thaler, R.H. (Thaler, 1992); The Winner's Curse- Pradoxes and Anomalies of Economic Life, New York, Princeton University Press, 1992

Thaler, R.H. (Thaler, 1999); The end of Behavioral Finance, in: Financial Analyst Journal, 55 (6), S. 12-17

Thaler, R.H. (Thaler, 2004); Mental Accounting Matters, in: Advances in Behavioral Economics, Edited by Camerer, C.F./ Loewenstein, G./ Rabin, M., New York, Russel Sage Foundation, 2004, S. 75- 103

Thaler, R.H./ Russel, T. (Thaler/ Russel, 1994); The Relevance of Quasi Rationality in Competetive Markets, in: Quasi Rational Economics, Hrsg. Thaler, Richard H., New York, Russel Sage Foundation, 1994

Tversky, A. (Tversky, 1995); The Psychology of Decision Making, in: Wood, A. S. (ed.): Behavioral Finance and Decision Theory in Investment Management, Charlottesville, 1995, S. 2- 5

Tversky, A./ Kahnemann, D. (Tversky/ Kahnemann, 2000a); Advances in Prospect Theory. Cumulative Representation of Uncertainty, in: Choices, Values And Frames, Edited by Kahnemann, Daniel/ Tversky, Amos, New York, Russel Sage Foundation, 2000, S. 44-66

Tversky, A./ Kahnemann, D. (Tversky, Kahnemann, 2000b); Rationale Choice and the Framing of Decisions, in: Choices, Values And Frames, Edited by Kahnemann, Daniel/ Tversky, Amos, New York, Russel Sage Foundation, 2000, S. 209- 223

Ulschmid, C. (Ulschmid, 1994); Empirische Validierung von Kapitalmarktmodellen: Untersuchungen zum CAPM und zur APT für den deutschen Aktienmarkt, Frankfurt am Main, Peter Lang GmbH, Europäischer Verlag der Wissenschaften,1994

Užík, Dr. M. (Užík, 2004); Berücksichtigung der Informationsunsicherheitsprämie im Capital Asset Pricing Model, Köln, Josef Eul Verlag, 2004

Vossebein, U. (Vossebein, 1990); Eingeschränkt rationales Marktverhalten: Eine experimentelle Studie, Frankfurt am Main, Peter Lang GmbH, 1990

Wakker, P.P./ Zank, H. (Wakker/ Zank, 2002); A simple preference foundation of cumulative prospect theory with power utility, in: European Economic Review 46, 2002, S. 1253-1271

Weber, M. (Weber, 1990); Risikoentscheidungskalküle in der Finanzierungstheorie, Stuttgart, Carl Ernst Poeschel Verlag GmbH, 1990

Wilhelm, S. (Wilhelm, 2000); Kapitalmarktmodelle: lineare und nichtlineare Modellkonzepte und Methoden in der Kapitalmarkttheorie, Leipzig, Univ., Diss., Frankfurt am Main, Peter Lang GmbH, 2000